现代军事系统工程引论

辛永平 编著

西北工业大学出版社

西安

【内容简介】 本书系统介绍了当前军事系统工程思想、方法论、技术方法和应用领域等内容,共分为九章。第 1 章绪论、第 2 章军事系统工程方法论、第 3 章军事系统工程的理论基础与方法技术、第 4 章军事系统体系结构、第 5 章军事装备系统工程、第 6 章军事信息系统工程、第 7 章作战指挥系统工程、第 8 章综合保障系统工程、第 9 章军事教育训练系统工程,最后在附录中介绍系统工程代表性机构及军事系统工程人才培养与成长的若干建议。

本书可作为高等院校相关专业参考教材,也可供军事机构、科研院所、军工企业相关人员学习、参考。

图书在版编目(CIP)数据

现代军事系统工程引论/辛永平编著. —西安:西北工业大学出版社,2021.1
ISBN 978-7-5612-7354-8

Ⅰ.①现… Ⅱ.①辛… Ⅲ.①军事系统工程学 Ⅳ.①E917

中国版本图书馆 CIP 数据核字(2020)第 249294 号

XIANDAI JUNSHI XITONG GONGCHENG YINLUN
现代军事系统工程引论

责任编辑:胡莉巾	策划编辑:孙显章
责任校对:王玉玲 王梦妮	装帧设计:李 飞

出版发行:西北工业大学出版社
通信地址:西安市友谊西路 127 号　　邮编:710072
电　　话:(029)88491757,88493844
网　　址:www.nwpup.com
印 刷 者:兴平市博闻印务有限公司
开　　本:787 mm×1 092 mm　　1/16
印　　张:13
字　　数:341 千字
版　　次:2021 年 1 月第 1 版　　2021 年 1 月第 1 次印刷
定　　价:69.00 元

如有印装问题请与出版社联系调换

前　　言

军事实践是系统工程重要的发源地和应用领域。军事领域最需要也最讲求系统工程。军事系统工程不断在更为广泛的领域交融发展，并反哺军事，被誉为"现代军队战斗力的倍增器"。军事系统工程应用的深度和广度在一定意义上代表了一个国家军事实力的强弱。

近年来，有关军事系统工程的专著较少，内容架构也不尽一致。笔者从事军事系统工程的教学工作二十多年，深感有必要编写一本能够较系统、全面介绍当前军事系统工程思想、方法论、技术方法和研究领域的书籍，为军事系统工程的学习提供参考。

军事系统工程博大精深。本书着眼理论结构，从思想和方法论入手，系统介绍军事系统工程的理论体系框架、主要分支和方法技术，力图反映较前沿的成果，期望对各类军事人员有所裨益。希望读者可以理解并把握军事系统工程思想、方法论，熟悉军事系统工程方法体系和支持技术体系，力争迅速、准确地找到自己可以持久耕耘的领域，树立符合自己的目标，并持续努力。

本书参考文献来源比较广泛，在此对参考和引用的文献作者表示诚挚的感谢！对空军工程大学防空反导学院领导、专家、同事的指导、帮助，对出版社领导、编辑和工作人员的大力支持致以诚挚的谢意！

由于能力所限，笔者虽付出了努力，但是本书难免存在挂一漏万、不足之处。希望抛砖引玉，对军事系统工程的发展有所助力。诚挚欢迎批评指正和意见建议！

辛永平

2020 年 6 月于陕西西安

目 录

第1章 绪论 ……………………………………………………………………………… 1
1.1 系统工程的概念 …………………………………………………………………… 1
1.2 军事系统工程的概念 ……………………………………………………………… 6
1.3 军事系统工程的历史、现状与发展趋势 ………………………………………… 10

第2章 军事系统工程方法论 …………………………………………………………… 15
2.1 系统工程方法论 …………………………………………………………………… 15
2.2 军事系统工程方法论概述 ………………………………………………………… 26
2.3 军事系统工程方法论的落实 ……………………………………………………… 37

第3章 军事系统工程的理论基础与方法技术 ………………………………………… 44
3.1 军事系统工程的理论基础 ………………………………………………………… 44
3.2 军事系统工程的支撑技术 ………………………………………………………… 48
3.3 军事系统工程方法 ………………………………………………………………… 60

第4章 军事系统体系结构 ……………………………………………………………… 70
4.1 军事系统的静态结构 ……………………………………………………………… 70
4.2 军事系统的动态结构 ……………………………………………………………… 73
4.3 网络中心的军事作战系统体系结构 ……………………………………………… 75

第5章 军事装备系统工程 ……………………………………………………………… 79
5.1 军事装备系统工程内容框架 ……………………………………………………… 79
5.2 装备论证 …………………………………………………………………………… 79
5.3 装备可靠性、维修性、保障性分析 ……………………………………………… 87
5.4 系统设计与实现 …………………………………………………………………… 94
5.5 装备生产与部署 …………………………………………………………………… 100
5.6 装备更新换代 ……………………………………………………………………… 102
5.7 装备采办与寿命周期费用管理 …………………………………………………… 103
5.8 装备效能评估 ……………………………………………………………………… 109

第6章 军事信息系统工程 ……………………………………………………………… 113
6.1 军事信息系统工程的概念 ………………………………………………………… 113

6.2　军事信息系统发展论证(规划)与需求工程 ·················· 117
　　6.3　军事信息系统的总体设计 ······························ 122
　　6.4　系统详细设计与实现 ································ 127
　　6.5　军事信息系统集成 ·································· 135
　　6.6　系统运行管理和维护 ································ 137
　　6.7　军事信息系统安全 ·································· 138
　　6.8　信息对抗 ·· 139
　　6.9　军事数据工程 ······································ 142
　　6.10　军用软件工程 ···································· 144
　　6.11　军事信息系统技术体系 ······························ 146

第 7 章　作战指挥系统工程 ·· 149
　　7.1　作战指挥要素、任务、流程与作战指挥系统工程 ·············· 149
　　7.2　态势分析评估 ······································ 156
　　7.3　作战筹划 ·· 159
　　7.4　作战指挥控制实施 ·································· 165
　　7.5　辅助决策与决策支持 ································ 166

第 8 章　综合保障系统工程 ·· 170
　　8.1　保障系统 ·· 170
　　8.2　保障系统的构建、部署和运用 ·························· 171
　　8.3　战勤保障 ·· 176
　　8.4　装备保障 ·· 177
　　8.5　后勤保障 ·· 181

第 9 章　军事教育训练系统工程 ···································· 183
　　9.1　军事人才需求结构 ·································· 183
　　9.2　军事教育训练系统总体结构 ···························· 185
　　9.3　军队院校教育 ······································ 189
　　9.4　部队训练 ·· 190
　　9.5　军事教育训练系统建设 ······························ 191

附录 ·· 194
　　附录 1　系统工程代表性机构 ································ 194
　　附录 2　军事系统工程人才培养与成长 ························ 195

参考文献 ·· 198

第1章 绪　　论

　　系统工程是一百年多来社会实践的鲜明特征和重要成果,并将持续蓬勃发展。系统工程不仅是技术和方法,而且正在成为一种方法论,即用系统观点来思考问题,用工程方法来分析、研究和求解问题,从定性到定量综合集成,实现系统与环境、系统要素之间的和谐,追求总体效果与长远效益的最优。

　　系统工程早已经深入社会发展的方方面面。改革开放是一项系统工程;建立社会主义市场经济体制是一项系统工程;军队建设是系统工程;军队信息化是系统工程;教育是系统工程;社会治安是系统工程;科学和谐可持续发展是系统工程;构建和实现中华民族复兴的"中国梦"是系统工程;"神舟"飞船、"嫦娥"探月、"天宫"巡天、高铁动车、航空装备、导弹装备、航母及其编队等(这样的罗列几乎没有穷尽)无一不是系统工程。

　　军事实践是系统工程重要的发源地和应用领域,军事系统工程是系统工程的重要组成部分。军事系统工程不断在更为广泛的领域交融发展,并反哺军事理论实践,被誉为"现代军队战斗力的有效倍增器"。军事领域,军事装备的发展、部队建设、作战对抗、综合保障、人才培养,都最需要讲求系统工程。军事系统工程应用的深度和广度在一定意义上代表了一个国家军事实力。

1.1　系统工程的概念

1.1.1　系统与系统寿命周期

1. 系统的概念

　　系统概念的含义十分丰富:它与其组成元素相对应,意味着整体和全局;它与孤立相对应,意味着所组成元素之间的联系与组合;它与混沌相对应,意味着秩序与规律。因此,不同学科由于研究范围和重点的不同,常给出不同的系统定义。在技术科学层次上,通常采用著名科学家钱学森提出的定义:系统是由相互关联的多个要素组成的具有一定功能的有机整体。这个定义强调的是系统的功能,因为从技术科学上看,研究、设计、组建、管理系统都是为了实现特定的功能目标。具有特定功能就成为系统的本质特性。在基础科学层次上,通常采用一般系统论奠基人贝塔朗菲的定义:系统是相互联系、相互作用的诸元素(要素)的总体。这里强调的不是要素功能,而是元素间的相互作用及系统元素的综合作用。

2. 系统的属性

系统具有以下基本属性：综合性、整体性、层次结构、信息联系、目的性、学习性、适应性和组织性。系统属性是系统思想和系统工程的根基。深入领悟和融会贯通系统属性，对于树立系统思维和实践系统工程，具有重要的作用。

3. 系统寿命周期

一个系统（包括一项工作、活动、作战任务）总有一个确定的开始和终了时间，这个从开始到终了的时间就是系统的生命周期。生命周期应从提出建立或改造一个系统时开始。系统包含了要素、联系和过程。系统的产生、运用、演化、控制、衰退就构成了系统的寿命周期。以工程（或者装备）系统为例，其寿命周期示意图如图1.1所示。

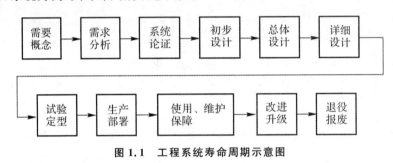

图1.1 工程系统寿命周期示意图

1.1.2 系统工程的定义及对其概念的把握

由于系统工程的交叉性、开放性和动态性，系统工程与军事系统工程都没有公认一致的定义，但是其主旨是基本一致的。

1. 系统工程的定义

1979年著名科学家钱学森等在《组织管理的技术——系统工程》一文中指出："系统工程学则是组织管理系统的规划、研究、设计、制造、试验和使用的科学方法，是一种对所有系统都具有普遍意义的科学方法。系统工程是组织管理的技术。"系统工程服务于系统的整个寿命周期。

《中国大百科全书——自动控制与系统工程卷》定义："系统工程是从整体出发合理开发、设计、实施和运用系统的工程技术。它是系统科学中直接改造世界的工程技术。"

汪应洛院士在其所著的《系统工程理论、方法与应用》中指出："系统工程是以研究大规模复杂系统为对象的一门交叉学科。它把自然科学和社会科学的某些思想、理论、方法、策略和手段等根据总体协调的需要，有机地联系起来，把人们的生产、科研或经济活动有效地组织起来，应用定量分析和定性分析相结合的方法和计算机等技术工具，对系统的构成要素、组织结构、信息交换和反馈控制等功能进行分析、设计、制造和服务，从而达到最优设计、最优控制和最优管理的目的，以便最充分地发挥人力、物力的潜力，通过各种组织管理技术，使局部和整体之间的关系协调配合，以实现系统的综合最优化。"

还有学者认为,系统工程研究的是具有系统意义的问题。在现实生活和理论探讨中,凡着眼于处理部分与整体、差异与统一、结构与功能、自我与环境、有序与无序、行为与目的、阶段与全过程等相互关系的问题,都是具有系统意义的问题。

2. 对系统工程概念的把握

如上所述,系统工程的定义虽然有多种不同表述,但是其要旨是一致的。对系统工程概念的把握可以从指导思想、结构、过程、方法工具、目的、归结主体等要素入手。指导思想是系统思想;结构是系统的组成结构、要素及其联系;过程是系统寿命周期的每一个阶段及其循环往复;方法是定性定量结合的分析综合评价;工具是管理科学、信息技术、运筹学、工程学科等(拿来主义,兼收并蓄);目的是谋求系统整体(最)优化;归结的主体是思想、理论、方法、技术、工具的综合体。系统工程是一门动态发展的交叉学科,可以概括为以下特点:

准则结构流程,定性定量模型;
分析综合评价,试验实验仿真;
交叉为我所用,强调综合集成。

1.1.3 系统工程的特征

综上所述,系统工程具有以下一些特征:
(1)系统工程的研究对象是具有普遍意义的系统,特别是大系统;
(2)系统工程是一种方法论,是一种组织管理技术;
(3)系统工程涉及许多学科的边缘学科与交叉学科;
(4)系统工程是研究开发系统所需的一系列思想、理论、程序、技术、方法的总称;
(5)系统工程在很大程度上依赖于以计算机软件技术为核心的信息技术;
(6)系统工程强调定量分析与定性分析的有机结合;
(7)系统工程研究的是具有系统意义的问题;
(8)系统工程着重研究系统的构成要素、组织结构、信息交换与反馈机制;
(9)系统工程所追求的是系统的总体最优以及实现目标的具体方法和途径的最优;
(10)系统工程是开放、动态、发展的,随时吸取和应用对系统功能和目的有价值的一切思想、理论、程序、技术、方法和工具。

1.1.4 系统工程与主要学科间的联系

系统工程从诸多学科中汲取营养,与多门现代学科有密切的联系,交融互动。系统工程从辩证唯物主义吸取哲学思想,借鉴系统论、信息论、控制论、耗散结构理论、协同学、突变论等理论丰富系统思维,从应用数学、运筹学、信息科学、控制科学、工程学和社会科学那里取得定性和定量结合的方法,以工程技术为基础,以现代信息技术(网络、软硬件、数据库、多媒体、人工智能等)为平台和工具,以社会需求为牵引,融入组织管理创新激励,开展各种翻天覆地的工程实践活动。系统工程与主要学科间的联系如图1.2所示。

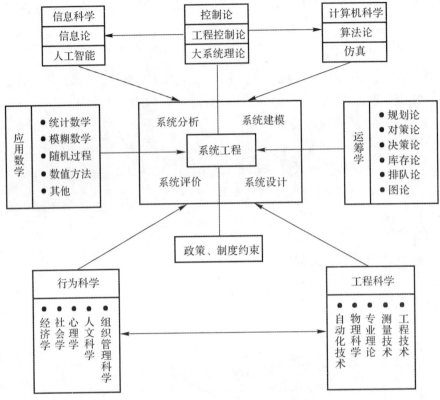

图1.2 系统工程与主要学科间的联系

1.1.5 系统工程的地位

系统工程的核心特征包括要素分析、权衡取舍、综合优化等。综合权衡、增减取舍、决策优化、统筹组织是系统工程的任务。由此不难看出,系统工程是各类软硬技术与目标系统之间的综合桥梁(见图1.3)。通过系统工程,各种需求得以聚焦和确定,各种功能得以综合集成,各个环节和工序得以统筹调度,各种专业得以环环相扣、丝丝入扣。同时,也不难看出,系统工程与管理之间不可分割。

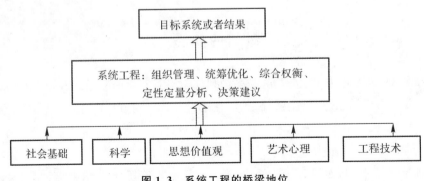

图1.3 系统工程的桥梁地位

1.1.6 系统工程的发展简史

系统工程的发展简史如表 1.1 所示[①]。从中也不难看出系统工程在军事领域的地位和作用。

表 1.1 系统工程发展简史

时 间	重大实践和事件	理论方法贡献
20 世纪 30 年代	美国发展与研究广播电视系统	提出系统方法的概念
20 世纪 40 年代	美国实施彩电发展计划,开发通信系统	运用系统方法,正式提出系统工程
第二次世界大战	英、美反潜、防空等作战行动研究	产生军事运筹学与军事系统工程
20 世纪 40 年代	美国研发原子弹的"曼哈顿计划"	运用发展系统工程
1946 年	美国建立 RAND 公司	提出和运用系统分析的概念方法
20 世纪 40 年代后期到 50 年代初期	电子计算机出现	运筹学、控制论、信息论等创新应用
1957 年	H. Goode 和 R. Machol 发表《系统工程学》	系统工程形成的标志
1958 年	美国研发"北极星"导弹潜艇	提出网络计划评审技术(PERT)
1965 年	R. Machol 编著《系统工程手册》	系统工程实用化、规范化
1961—1972 年	美国实施"阿波罗"登月计划	运用多种系统方法(包括 GERT)
20 世纪 70—80 年代	信息技术蓬勃发展	系统工程广泛应用
20 世纪 90 年代至今	美军新一代 C^4ISR 研发部署,海湾战争,美国反导体系,中国载人航天工程等	信息化体系战争和系统工程技术的发展,系统工程百家争鸣,与信息技术密切结合

系统工程在我国的应用大约始于 20 世纪 60 年代初期。在钱学森等科学家的倡导和支持下,我国在国防尖端技术方面应用系统工程方法,并取得了显著成效。自 20 世纪 70 年代后期以来,系统工程在我国的研究和应用进入了一个前所未有的新时期,由初期的传播系统工程的理论、方法发展到独立开展系统工程的理论方法研究。在系统工程的应用方面,注重结合我国实际情况,系统工程的开发已在航天系统工程、能源系统工程、军事系统工程、交通系统工程、社会系统工程、人口系统工程、农业系统工程等诸多方面取得了显著成效。进入 20 世纪 90 年代,特别是信息网络技术的蓬勃发展,使得社会结构及其生产运作方式发生了翻天覆地的变化。系统工程得以广泛深入地渗透到社会发展的方方面面,并且在许多情况下是润物无声的。其中典型案例有三峡工程、载人航天工程、信息化高技术装备体系工程等。当前,我国全面建成小康社会、军队编制体制改革也是时代赋予的系统工程课题,自然离不开系统工程的指导应用。

[①] 陈庆华. 系统工程理论与实践[M]. 修订版. 北京:国防工业出版社,2011 年 10 月:11

1.2 军事系统工程的概念

1.2.1 军事系统工程的定义

系统工程在军事领域的发展和运用,构成了军事系统工程。系统工程与军事系统工程难以截然分割。关于系统工程的一般结论同样也适用于军事系统工程。军事系统工程是交叉学科,人们对它的定义也不尽相同,但是各种描述的要旨是基本一致的。

简而言之,系统工程是组织管理的技术,军事系统工程是军事系统(军事活动)组织管理的技术。

《中国军事百科全书军事系统工程(学科分册)》军事系统工程词目:军事系统工程(Military Systems Engineering)是运用系统科学的理论和定性、定量分析的方法,对军事系统实施合理的筹划、研究、设计、组织、指挥和控制,使各个组成部分和保障条件综合集成为一个协调的整体,以实现系统功能与组织最优化的技术,是军事上应用的系统工程,是在发展作战理论、部队编制、武器装备、部队训练、指挥自动化系统和一体化后勤保障系统等军事运筹活动中形成的,是现代作战模拟、现代参谋组织和现代军事信息技术密切结合的体现,广泛用于国防工程、武器研制、军队作战、后勤保障、军事行政等领域。[1]

《中国人民解放军军语》中,军事系统工程是运用系统工程理论、方法和科学技术手段,优化军事活动组织管理的技术,广泛应用于作战、训练、后勤保障和装备建设等领域。

军事系统工程也可定义为一门横跨军事与系统两大学科的交叉科学,它从系统工程的观点出发,综合运用系统科学思想、军事科学理论、现代科学方法(运筹学与系统分析)、现代技术手段(计算机和信息技术)以及工程技术知识,从整体上科学地研究解决军队的组织指挥、作战行动、军事训练、武器装备发展、后勤保障以及军事科研等问题,使复杂军事系统的组织管理、工程设计和指挥控制在总体上达到最佳处理,从而为领导部门择优决策提供定量与定性分析的客观依据。反映现代战争特点的战略学、战役学、战术学、军制学、军事教育训练学、军事心理学、军事地理学、军事运筹学等军事科学,以及反映现代科学规律的系统理论、信息理论、控制理论等新兴科学方法论是其理论基础,运筹分析和功能模拟等是其技术条件,计算机系统和自动化设备等是其基本工具。无论缺少哪一方面,军事系统工程都难以形成和应用。[2]

不管采用或繁或简的描述方式,军事系统工程的军事主题、系统思想方法、交叉综合、广泛应用等特点是基本要素。

1.2.2 军事系统工程概念的要点

(1)军事背景。服务于军事系统,自然具有军事色彩。
(2)系统方法论。首先是层次性,协调统一是军队的基本要求,上下级系统之间是不对称

---

[1] 谭跃进.中国军事百科全书军事系统工程(学科分册)[M].2版.北京:中国大百科全书出版社,2008年5月:1
[2] 徐毓.军事系统工程[M].北京:军事谊文出版社,2001年8月:2

关系,上层系统握有对下层系统的指挥掌控权。其次是步骤流程,除非特殊情况,强调服从程序。最后是技术、战术、艺术、直觉的结合。在装备层次,强调技术;在指挥层次,体现艺术;在博弈层次,结合直觉。

(3)系统要素结构及其关联的分析。牵一发而动全身。系统要素结构及其关联的分析是把握全局的根本保证。

(4)总体把握,综合权衡。没有比军事系统更强调总体把握、综合权衡的了,而且其涉及的因素千姿百态,不断变化,博弈激烈。这是对决策智慧的严峻考验。

(5)强力控制。军事系统具有特殊性,尤其是作战对抗,要求密切协同,除非情势所迫,一般必须由指挥员统一发号施令,下级坚决服从执行。在血与火的考验面前,局部利益必须服从于全局利益。

(6)定性和定量结合。定性把握方向,定量决定程度。

(7)艺术技术结合。军事系统的对抗博弈特性,以技术为支持,以艺术为升华。

(8)动态特性。兵贵神速,战场局势的云谲波诡。军事系统的发展日新月异,动定相参。在政治、军事、经济、科技发展的浪潮下发展装备体系,在瞬息变幻的战场态势下审察敌我,创造并把握战机,运筹帷幄,都是军事系统工程的重要方面。

(9)追求最好的效果,抵御适当的风险。

1.2.3 军事系统工程的理论框架

参照现代军事科学体系理论框架(见表1.2[①]),可得军事系统工程的理论框架如图1.4所示。还可以从过程动态的时间维度对军事系统工程的理论框架进一步细化。在不同的时间阶段,其方法、技术会有细节上的侧重。军事系统工程是军事学综合应用的桥梁;反过来,在任何一个理论和实践的学科领域,系统工程又可以成为得力的思想方法和技术工具。

表 1.2 现代军事科学体系理论框架

	马克思主义哲学					
军事哲学	战争观、军事观、军事系统论、军事认识论、军事辩证法、军事谋略学					
桥梁	军事学术				军事技术	军事系统
	军事指挥理论	军事政工理论	军事后勤理论	军事装备理论		
基础科学	军事管理学 战略学 战役学 战术学 历史学	军事社会学 人才学 心理学 行为学 军事法学	军事经济学 后勤历史	军事科技学 军事工效学 装备发展史	军用数学、物理学、化学、计算机科学、材料科学、海洋科学、地球科学、空间科学、生物科学	系统理论 军事系统论 军事信息论 军事控制论 军事协同学 军事突变论 军事耗散结构论

---

① 张佳南.军事科学体系[M].北京:海潮出版社,2010年6月:80

续表

军事哲学	马克思主义哲学					
	战争观、军事观、军事系统论、军事认识论、军事辩证法、军事谋略学					
桥梁	军事学术				军事技术	军事系统
	军事指挥理论	军事政工理论	军事后勤理论	军事装备理论		
技术科学	军事指挥学 军制学 军事教育训练学 军事动员学	军事政工学	军事后勤学（军种后勤学、战略后勤学、战役后勤学、战术后勤学）	军事装备学	军用航天航空技术、舰艇技术、信息技术、材料能源技术、生物医药技术	系统方法 系统论方法 信息论方法 控制论方法 运筹学方法
应用技术	信息对抗学 电子对抗学 军事情报学 军事通信学 军事保障学	党团工作学 宣传工作学 敌军工作学 政工自动化	军事交通学 军事储备学 军械管理学 营房管理学 军事审计学 后勤自动化	装备规划学 装备采购学 装备管理学 装备维修学 装备保障学	现代装备技术（体系技术、军兵种装备技术、空间武器、网电对抗、核武器系统）	系统工程 系统分析 系统综合 系统评价 系统决策 建模仿真
军事创新学	新概念武器、智能武器、新作战概念、军事科学创新					

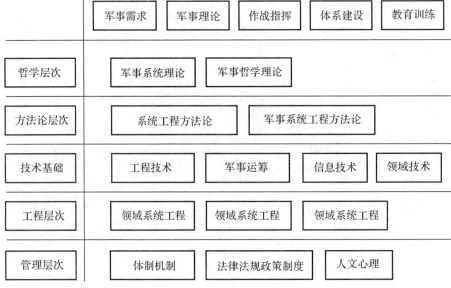

图 1.4 军事系统工程的理论框架

1.2.4 军事系统工程的应用领域

军事系统工程的方法论特色和综合融合特色,使其可以应用于几乎每一个军事层次(战略、战役、战区、战术、战斗、武器)、每一个军事领域和军事环节(理论构建、装备发展、人员培训、参谋分析、作战指挥、综合保障、信息对抗、量化优化、军事教育等多个方面,国家战略到技术细节的多个层次),如图1.5所示。在从无到有、从粗到精、从平到优的过程中,处处可以发挥系统工程的思想、方法和技术①,从而也形成了军事装备系统工程、军事信息系统工程、作战系统工程、保障系统工程、教育训练系统工程、战争设计工程等诸多运用领域和技术分支。

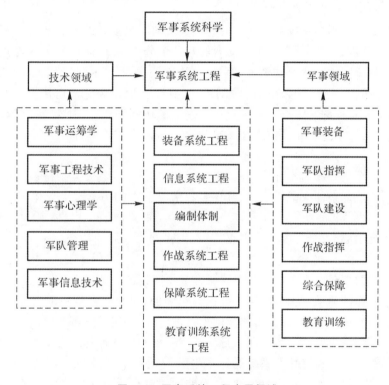

图 1.5 军事系统工程应用领域

1.2.5 军事系统工程的特色

军事系统的特殊性主要有:综合性——人、物、事的高度综合;灵活性——充满博弈、欺骗、变量和不确定因素;快速性——严酷的时间价值观念;协同性——各方面同在一盘棋;复杂性——要素、联系、功能、局势的复杂多变;先进性——最先进的技术往往最先应用于军事系统;价值性——消耗巨大,效益特殊;战略性——平战结合,长短结合,局部全局相结合②;还有

---

① 军事科学院军事运筹分析研究所.作战系统工程导论[M].北京:军事科学出版社,1987年9月:78
② 张佳南.军事科学体系[M].北京:海潮出版社,2010年6月:111

对抗性等。因此,军事系统工程既有一般系统工程的共性,又有其自身的特征,主要表现在以下几方面。

(1) 以软科学方法的应用为主,灵活地运用系统工程的一般方法,及时汲取新的方法。军事活动问题大都属于技术与艺术运用的综合,特别在作战指挥中更是如此。在作战问题上,艺术与指挥似乎有相同的含义。因此,军事系统工程的显著特征之一就是以软科学方法的应用为主。军事活动中充满着多变因素和不可知因素,特别是在瞬息万变的战场上更是如此。针对这一特点,军事系统工程必须采用灵活多变的方法来解决军事问题,广泛汲取系统工程、工程技术和实践的营养,强调人与物的结合,探索技术与艺术的统一,并反哺系统工程理论。军事系统工程本身是一门交叉学科,不断地从其他学科中汲取适用的理论方法,对推动军事系统工程的学科发展具有重要意义。

(2) 对抗与竞争。军事系统的根本目的是占据优势。最主要的对象是人——对手,而对手也在绞尽脑汁地分析、思考、寻觅良策。博弈的特色十分鲜明,因此风险性自然不可避免。

(3) 快速性与协同性。快速性是军事系统的特殊要求,兵贵神速。因此,军事系统工程应侧重于方法简便易行,应在尽可能短的时间内,即在规定时限内给出解决军事系统问题的办法。协同性是军事系统的又一特殊要求。兵力兵器的协同动作,各种类型武器使用时必须做到相辅相成。协同性也是一般系统工程的共同特征,但是它在军事系统中占有特别重要的位置。

(4) 复杂性。军事问题通常都比一般性社会问题和技术问题要复杂得多,它不仅包括复杂的技术因素,还涉及复杂的人的因素,而且在多数情况下人的因素起主导作用。因此,军事系统是一个典型的"人-机"系统。当前和较长一段时期,军事系统的发展体现出从硬件中心到软件中心、信息系统中心、人机高度结合中心、无人化智能化发展的特征。军事系统工程也与之相辅相成。

(5) 研究的全面性。军事系统工程不仅研究战争时期的军队活动,而且还研究军事系统在各个时期、各个方面的活动。军事系统工程根据明确的目标,强调从军事系统的整体、全局考虑问题,从综合出发进行分析,在分析的基础上再进行综合,定性分析与定量结合,并尽可能利用模型反复在计算机上进行试验,从而获得所研究系统问题的最佳解决方案和整体效益。

(6) 强调费效综合。没有任何系统能比军事系统消耗的资源多(这种趋势愈演愈烈),但是,它的收益往往是以政治和军事价值准则,而非通过社会活动中的经济效益来衡量。因此,军事系统根植于社会,在军事系统工程中,应密切注意最佳方案在费用上的特征,否则就可能成为无源之水。

1.3 军事系统工程的历史、现状与发展趋势

1.3.1 军事系统工程的发展历程

军事系统工程的历史是系统工程历史的主流。在系统工程的发展简史之上,略作补充。

系统思想与军事系统思想源远流长。《孙子兵法》是我国古代军事系统思想的全面深刻的总结,显著反映了军事系统工程思想的精髓,时至今日仍然璀璨夺目。相对于中国来说,西方

国家军事系统思想的出现晚得多。19世纪初叶，在普鲁士出现了现代参谋组织和参谋技术的萌芽。但是从近现代开始，其军事系统工程与科学技术齐头并进，在装备和技术层面，几乎是西方国家的一家之言了。

第一次世界大战期间，开始利用数学模型的方法，定量分析作战问题，涌现出了兰彻斯特方程等理论成果。第二次世界大战中，英国、美国等国家的军事运筹学研究，成为现代军事系统工程的雏形和基础。

第二次世界大战把军事对抗推向新的高度。从20世纪50年代开始，以核武器和洲际弹道导弹的出现为标志，军事系统工程方法的应用达到了更高的水平。50年代后期至60年代初期，美国的北极星核潜艇计划和阿波罗登月计划，都是军事系统工程取得成功的卓越范例。60年代初，美国国防部大力推动了军事运筹和系统工程方法（比如关键路径法CPM、计划评审技术PERT、图解协调技术GERT、规划计划预算系统PPBS等）的应用，一直延续到现在。同时，苏联及欧洲国家也先后接纳并学习和发展了军事系统工程。

20世纪80年代以来，由于以计算机技术为核心的信息技术的发展，先进、复杂和大型武器系统不断涌现，使得军事系统工程的理论方法、技术手段和应用领域得到了空前发展。苏联（俄罗斯）、法国、德国等欧洲国家，也都成立了专门的军事系统工程研究和执行机构，军事系统工程的理论与方法在国防、军事领域中得到大力推广和应用。软件工程、体系结构技术等日渐成熟。在武器装备采办管理中开始运用价值工程、综合保障工程（ILSE）和并行工程等新理念、新方法。军事系统工程的理论与方法在实现军队信息化过程中发挥着重要作用。这个时期形成的软件工程的子领域——需求工程，在军事领域也得到广泛应用并成为研究的热点问题之一。20世纪90年代以来，军事系统工程应用的深度和范围都得到了迅速扩展，特别是在海湾战争、波黑战争等高技术局部战争中得到了充分体现。作战方案生成与评价、作战任务规划、兵力结构规划、武器系统效能评价等都是军事系统工程原理方法的具体应用。20世纪末，美国建成C^4ISR系统，实现了军事指挥、控制、通信、情报、监视、侦察等多层次大范围综合连接和信息共享。截至21世纪初，规划计划预算一体化系统（PPBS）依然是美国国防部计划与决策的主要工具。军事系统工程已广泛应用于国防和军事系统的战略分析、计划规划的预测、作战指挥的模拟、部队和院校的教育训练、武器装备的研制与使用、后勤保障和物资供应、军队政治思想工作、军队组织体制和管理，以及其他与军事活动有关问题的分析和优化[①]。

关于我国的军事系统工程的发展，尽管有组织的活动和大规模的开展应用是在20世纪70年代，但是实际上在50年代的军事院校教学工作已经开始应用。50年代中期，钱学森等即已开始对工程控制论的研究。1978年初，军事科学院成立了系统分析小组，同年5月北京航空学会组织召开了第一次军事运筹学术会议。1980年11月成立了中国系统工程学会。1981年成立了中国系统工程学会军事系统工程专业委员会。1984年成立了中国人民解放军军事运筹学学会。两个学会多次召开军事运筹、军事系统工程与作战模拟方面的学术交流会，全军涌现出一批从事运筹分析与系统工程方面的人才[②]。除了偶尔的间断，两个学会每年或每两年召开一次学术年会与理事会议。中国人民解放军军事运筹学学会自2008年起先后成立了军事教育、指挥控制、军事信息系统、战争复杂系统等专业委员会。军内外一批科研院所和国

---

① 谭跃进.中国军事百科全书军事系统工程（学科分册）[M].2版.北京:中国大百科全书出版社,2008年5月:5
② 徐毓.军事系统工程[M].北京:军事谊文出版社,2001年08月:22-39

防工业部门在高技术装备系统工程、战争建模仿真、作战模拟训练等领域获得显著成果。系统工程广泛深入应用于我军各个发展阶段、各个层面、各个环节和各项活动(比如军事斗争准备、装备跨越发展、装备信息化发展、信息化装备发展、信息对抗与信息化作战、体系对抗训练、基于信息系统作战能力形成、战略空军建设、航母发展、防空反导系统发展等)之中。在组织管理和信息技术的支撑推动下,军事系统工程的学术活动日益走向军事活动的第一线。

需要指出的是,军事系统工程方法在实际运用中也存在着不少的困难,对其地位和作用应做合理的估计。首先,现代战争和军队建设等的复杂程度,以及所涉范围之广和所涉因素、条件之多,远远超过了一个战术问题或武器研制问题,因此要真正扩展军事系统工程的应用范围并非易事。例如,一方面,大量不确定性因素的量化问题要进一步加以解决;另一方面,军事建模的理论和方法尚待进一步完善。其次,即使一些重大的军事系统问题能够建立起模型,但许多数据还没有确定,分析、运算过程也是极为复杂的。因此,不宜把军事系统工程方法孤立起来,恰恰相反,应该使这种先进的、科学的、综合的军事方法同其他科学军事方法紧密结合起来,这样既可以在运用中取长补短,又可以不断从其他方法吸取营养。事实上也只有这样,军事系统工程方法才能进一步得以发展和完善,其优越性才能进一步得到增强和发挥[①]。

1.3.2 军事系统工程的现状

鉴于当前军事系统工程的极大的广泛性和发散性,要总结现状是十分困难的。

1. 国外

军事系统工程普遍受到重视,但是理论和应用水平参差不齐。以美国为代表的军事强国对于系统工程的研究和应用积累极其深厚。系统工程的思想方法、技术工具广泛渗透在美国军事文化、军事思想、军事装备、作战理论、指挥控制等各个层面、各项重大活动和要素中。系统工程为其发展兴盛提供了不可或缺的支持。目前美国仍在不断推进其军事系统工程的信息化程度。

一些国家和军事部门把军事系统工程作为决策过程和制定中长期规划的一个必不可少的环节或者方法。美军制订了大量的法规制度标准,推动各种任务的标准化、科学化,并且十分强调全面性、定量和可操作性。美国的系统工程技术,以信息化为主要特征。其信息技术从技术创新、产权垄断到实践应用,均遥遥领先。在信息技术的助推下,系统工程的思想、方法、技术与其军事系统的全要素管理密切交融,大大提升了美军军事活动的效能。

美国在其强大的信息基础设施上,构建了数量庞大、体系相对完备的计划规划等决策支持系统。军事院校也把军事系统工程列入必修课程之中,并且随着军事实践的最新发展随时、随事开展军事系统工程的分析、设计、评估等工作。美军从海湾战争开始,重要的作战活动都经过详细的系统分析论证和作战实验才做出决策[②]。

美军强调,技术决定战术,装备决定作战,坚持"装备为核心,技术推动战术"的思路,以实践主导理论学术研究。美国从全球作战 C^4ISR 系统、精确打击弹药、弹道导弹防御系统、空天一体攻防体系、空海一体作战体系到未来网络电磁对抗、赛博空间对抗、无人作战、网络化智能

[①] 徐毓.军事系统工程[M].北京:军事谊文出版社,2001年08月:27

[②] 杨永太.国防科技[M].北京:军事科学出版社,2003年1月:135

化作战等的一路发展,技术推动与作战需求牵引相得益彰,引领了国际军事潮流和最高发展水平。

俄罗斯、德国、日本、英国、法国等国家也非常注重运用系统工程思想理论方法解决现实需求,注重思想创新和设计创新,力争总体最优。俄罗斯虽然信息技术和工艺材料并不是最先进,但是其优化设计常常独树一帜,例如其防空导弹体系就是典型案例。德国和日本更加强调严格管理和一丝不苟的工艺实现。

2. 国内

在诸多尖端技术领域,系统工程应用已经成熟深入,比如交通系统工程、航天系统工程、装备系统工程。军事装备系统工程是当前发展最为迅速、需求最为强力、应用最为深入的领域之一;其次是信息系统工程;而作战系统工程、保障系统工程则相对薄弱。

毋庸讳言,目前系统工程在国内的发展存在一些不足。虽然在理论上已经发展得相对丰富,但是在管理、技术、实践上,还要进一步推动系统工程思想、方法、技术、工具的发展运用。系统工程在社会实践中的地位和作用还需要进一步强化。

当前制约我国军事系统工程走向深入的主要因素可能包括:理论与实践的脱节、管理水平的落后、信息技术运用得相对肤浅、实干创新能力薄弱。军事管理文化和正规化管理水平对军事系统工程的制约也日益凸显,管理需要科学精准、集约高效。

1.3.3 军事系统工程的发展趋势

当前,军事领域日益分化、细化,同时又不断综合、融合、集成,对军事系统工程的研究和应用必然日益深入、广泛。

(1)思想层面:倡导和谐科学。军事系统工程与军事文化结合更紧,军事系统工程离不开军事文化的包容。

(2)方法论层面:软硬结合,综合集成。Hall方法论依然深深根植军事实践,物理-事理-人理(WSR)方法论、综合集成方法论将扮演越来越重要的系统工程方法论角色。系统工程的精华在于思想和方法论。信息技术的发展为综合集成提供了有力的工具。现实需求使得综合集成的思想和呼吁已经深入人心。

(3)方法技术层面:军事系统工程的理论方法、技术手段和应用方向都在不断变化。强化体系理论指导,定性定量结合,研究的手段和方法将更加先进,涉及信息技术、仿真实验、大规模集群系统、分布交互、及(军事)运筹学的理论方法,智能化方法(比如基于复杂系统的系统研究、体系工程、神经网络、遗传算法、进化计算、知识推理、虚拟现实、大数据、云计算)等。复杂系统理论将为军事系统工程的发展提供新的理论支持,特别在作战过程、指挥控制、作战模式等方面将会促使新的思想产生;许多新的智能化方法和技术的发展,如神经网络、遗传算法、进化计算、模糊系统、大数据、云计算、数据挖掘等将为军事系统工程实现更有效的系统集成提供保障。研究的范围将更加扩展,由对军事现实问题研究发展到军事预测研究,将运用先进的分布式仿真、虚拟现实等技术,研究战略战术、部队编制、武器装备和军事训练等影响军队战斗力诸要素的协调发展[①]。

---

① 谭跃进.中国军事百科全书(第二版)军事系统工程(学科分册)[M].北京:中国大百科全书出版社,2008年5月:7

(4)工具平台方面:广泛深入运用信息技术。在信息时代,信息技术突飞猛进且广泛而深刻地应用于军事领域:武器系统全寿命周期,军事系统的各个层次,作战训练担负战备的各个环节;论证支持系统、试验床、作战实验室、虚拟现实灵境技术、网络化技术;人机系统综合集成。未来是一个人机世界,人机系统集成是系统工程的任务需求,也是技术途径。网络化智能化工程、(大)数据工程、模型工程、智能决策的实现需要长期的积累。

(5)应用领域方面:宏观微观双向拓展。军事系统工程向更高宏观层次、更宽纵横范围、更深微观层次不断深入拓展。军事系统工程研究的对象将更加复杂,由单纯的军事问题发展到军事与社会、经济、技术相互交叉影响的复杂问题。将视野纵向、横向和动态拓展,在更大更高系统层次开展系统工程工作。

(6)人才培养方面:打造核心团队。与军事系统工程的需求和发展热火朝天的局面相比较,军事系统工程人才的成长培养却显得步履艰难。一方面,我们的军事教育水平还难以迅速提供合格的军事系统工程人才(苗子);另一方面,现实需求与人才岗位往往有脱节。军事系统工程的人才软硬结合的素质能力是一个看似简单实则困难的要求,在当前管理水平下,往往受到制约。现实、需求与能力之间的差距,使得军事系统工程面临的技术和应用的困境也更加凸显,比如对军事系统工程核心技术的质询,对总体设计部能力的不信任。

(7)发展面临挑战。总而言之,当前军事系统工程的理念已经深入人心。但是,也需要指出,军事系统工程方法与丰富的实践领域结合时,存在不少制约和困难。对其地位和作用要做出恰当的估计。在军事系统工程思想方法与各种社会因素和管理指挥流程深入结合方面,我们任重道远。到底什么是军事系统工程的独特的"硬技术"?军事系统工程人才有无明确的现实岗位(特别是初始任职)?军事系统工程人才培养的主渠道和模式如何更好适应军事需求?如何改善军事系统工程人才成长困难?凡此种种,导致军事系统工程学术科研和人才培养与现实需求有不小的差距[①]。

---

① 赵少奎.现代科学技术体系总体框架的探索[M].北京:科学出版社,2011.

第 2 章　军事系统工程方法论

2.1　系统工程方法论

系统工程方法论是系统工程解决问题的指导思想和程序步骤的综合,它是各种具体系统工程方法的基础,因此,深刻领会和牢固掌握系统工程的方法论十分必要且重要。

现代系统思想兴起后,学界逐步将实践中用到的方法提升到方法论的高度。现代系统工程方法论代表性的流派有:以 Hall 为代表的硬系统工程方法论、以兰德公司为代表的系统分析方法论、以 Checkland 为代表的软系统工程方法论、以钱学森等为代表的从定性到定量的综合集成方法论等。

2.1.1　系统工程的基本观念

思想观念是方法论的指引与准则。系统工程的基本观念有以下几项:

(1)整体观念。整体观念是系统工程的基本观念之一。没有整体观念,就谈不到系统工程。整体不是部分的简单之和。系统具有其各个构成要素不具有的整体功能;好的结构和功能关系可以使得整体大于部分之和,反之,则可能使整体小于部分之和。团结就是力量,内讧自取灭亡。例如,苏联的米格-25型歼击机,美国和日本专家检查后,发现飞机上许多零部件从单个来看并不很先进,有些还比美国落后许多,但飞机整体性能好,它的爬高能力和飞行速度在当时是世界第一流的。这就是说,所建立系统成功与否,就看能否巧妙地利用各组成部分之间或各子系统之间的相关性,着眼于整体性能最优。又如,美国阿波罗登月工程是成功运用系统工程的范例,日本一些专家学者参观了阿波罗登月计划所采用的硬件和工艺后,认为凭日本的制造能力都能达到,但作为一个整体规划、设计和管理的系统工程技术,则日本远不如美国,所以在日本实现不了登月工程(这当然有其他因素和日本人一贯的谨慎作风)。

(2)分析与综合观念。分析是手段途径,综合是目标。其实,综合本身就是一种发明创造。这种综合性的创造,在现代科学技术成果中占很大比重。美国阿波罗计划的总指挥韦伯说:"阿波罗计划中没有一项新发明的自然科学理论和技术,全部工作都是现成技术的应用,关键在于综合。"20世纪70年代中期以来,科学技术主要是沿着综合和转移的道路前进。比如,美国成功研制出的隐身飞机就是技术综合运用的典型事例。组织管理工作本身亦有综合性。

(3)价值观念。运用价值观念处理工程发展问题首先在于能否正确度量系统的价值。价值取向错误,可能南辕北辙。为此,应从客观实际出发,针对不同的系统对象,从经济、科技、社会各个方面,分别建立不同的价值目标集来对系统进行综合评价。评价就是指挥棒。在工程开发中,如果把价值目标搞错了,就会导致战略性错误。例如,英国、日本和联邦德国三个国家因对待科学技术的不同态度而产生了不同的效果,这发人深思。英国是工业革命和资本主义的发源地,曾经是科学文化和经济发达的国家,培育了像牛顿、达尔文、法拉第、麦克斯韦等一批蜚声全球的科学家,科学成果累累,第二次世界大战后尽管获诺贝尔奖的人数已被美国超过,但以人口平均而言仍列世界第一。为什么这样一个科学事业高度发达的国家会因经济停滞而沦为西欧工业发达国家的末位呢?关键就在于英国政府在发展科学技术时把价值目标搞错了。他们接受了英国著名科学家乔治·威尔逊1885年提出的"科学是技术之母"的口号,制订了一个重科学、轻技术的政策,错误地分配了人力、物力和财力,使直接作用于社会生产力、促进经济增长的工程技术得不到应有的重视和发展,从而导致经济停滞不前。相反,日本、联邦德国等国却非常重视工程技术发展。尽管它们获得诺贝尔奖的人数较英国少得多,也没有像牛津、剑桥那样闻名于世的理科大学,但是工科大学却很多,工程师、技术专家很受重视。这些国家因为工程技术的飞速发展形成了巨大的社会生产力,推动经济高速度增长,因此,在二战后不太长的时间里就跻身于世界经济强国之林。由此可见,在工程开发中正确地选择系统的价值目标是十分重要的。正如系统工程专家A.D.霍尔所说:"选定正确的目标比选定正确的系统重要得多,选定错误的目标就是解决错误的问题,而选定错误的系统只不过是选定了一个非最优的系统而已。"

(4)量化意识和优化观念。一门学科只有成功地运用数学时,才算达到了相对完善的地步。系统工程处理问题时,总是力求用各种算法语言和数学方法对问题做出较为精确的定量描述,使人们对许多复杂系统的研究从过去的定性分析走向定量表达,即增强了量化意识。系统工程人员应自觉主动增强量化意识。例如,在发展核武器方面,苏联过去一直重视武器威力。当年赫鲁晓夫鼓吹亿吨级核弹时,美军科学家认为那是浪费核原料的愚蠢做法,因为他们已应用军事系统工程方法对这一问题进行了定量分析。他们根据大量核试验结果得出一个算式:

$$K \propto Y^{2/3}/C^2$$

式中,K为毁伤值;Y为核武器的TNT当量;C为命中精度,表示命中点距目标中心的距离。由上式可知,若当量Y增加至原来的8倍,毁伤值K仅增加至4倍;精度若提高至原来的8倍(C值减至1/8),则毁伤值增加至64倍。因此,美国把重点放在提高投放精度上,搞分导导弹及精确制导武器,促进了相关工程技术的整体发展,在技术上一直保持领先地位。到了20世纪60年代,美国经过定量分析后认为只要有1054枚洲际导弹(再配41艘导弹核潜艇和500余架轰炸机),就可以毁伤苏联25%的人口和70%的工业,足以对付苏联。所以在多次核谈判中,美国一直坚持这个数目,而苏联那时核导弹已增至2000枚以上,造成极大浪费(销毁核武器的代价大于生产核武器的成本,且美国选择的发展方向全面牵引、推动、提升了美国的诸多核心尖端技术)。不同的选择也成为美国一超独霸和苏联发展失衡的一个重要诱因。这是一个技术并不复杂的实例,但是可以带给我们在系统思想、系统管理、系统分析、系统决策、量化优化、系统方法技术等多方面多层次的启迪。

(5)竞争意识和创新观念。物竞天择,适者生存。相较于人类与自然,人类内部的竞争更为激烈。而且,人作为万物之灵,创新是根本特征之一。系统工程的思想观念与这些基本规律一脉相承。要立足系统环境和功能目标,合理竞争,合作多赢,绝不能损毁国家核心利益等。

2.1.2 系统工程的基本过程

系统虽然千差万别,但是系统工程的基本过程却类似,如图2.1所示。

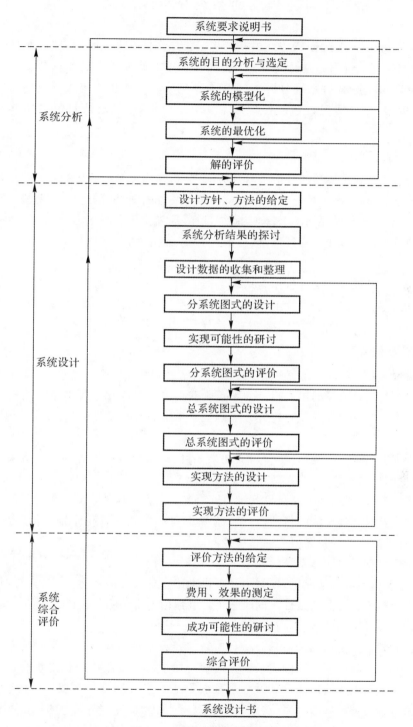

图 2.1 系统工程的基本过程

2.1.3 以兰德公司为代表的系统分析方法论

系统分析(System Analysis)方法最初产生于第二次世界大战时期,和运筹学(Operations Research)同时出现。美国的兰德(RAND)公司在长期的研究中发展并总结了一套解决复杂问题的方法和步骤,被称为"系统分析"。系统分析的宗旨在于提供重大的研究与发展计划和相应的科学依据,提供实现目标的各种方案并给出评价,提供复杂问题的分析方法和解决途径。

1. 系统分析的定义

系统分析,就是利用科学的分析工具和方法,分析和确定系统的目的、功能、结构、联系、环境、费用与效益等问题,抓住系统中需要决策的若干关键问题,根据其性质和要求,在充分调查研究和掌握可靠信息资料的基础上,确定系统目标,提出实现目标的若干可行方案,通过模型进行仿真试验,优化分析并综合评价,最后给出完整、正确、可行的综合结论,从而为决策提供充分的依据。

广义地解释,可以把系统分析作为系统工程的同义语;狭义地理解,系统分析是系统工程的一个核心逻辑步骤,贯穿于系统工程的全过程。系统分析是一种仍在不断发展中的现代科学方法。

2. 系统分析的要素

系统分析的要素很多,一般必须把握以下五个基本要素。

(1)目的。目的是决策的出发点。为了正确获得决定最优化系统方案所需的各种有关信息,系统分析人员的首要任务就是要充分了解建立系统的目的和要求,同时还应确定系统的构成和范围。

(2)可行方案(集)。一般情况下,为实现某一目的,总会有几种可采取的方案或手段。这些方案彼此之间可以替换,故叫做替代方案或可行方案。比如要进行货物运输,可以选择航空运输、铁路运输、水路运输和公路运输几种方式,同时还存在不同运输方式之间的组合运输方式,而这些方案针对货物运输的目的(安全、经济、快捷),总是各有利弊的。究竟选择哪一种方案最合理? 这就是系统分析要研究和解决的问题。

(3)模型。模型是对实体系统的抽象描述,它可以将复杂的问题化为易于处理的形式。即使在尚未建立实体系统的情况下,我们也可以借助一定的模型来有效地求得系统设计所需要的参数,并据此确定各种制约条件。同时还可以利用模型来预测各替代方案的性能、费用和效益,进行各种替代方案的分析和比较。

(4)费用和效益。费用和效益是分析和比较抉择方案的重要标志。用于方案实施的实际支出就是费用,达到目的所取得的成果就是效益。如果能把费用和效益都折合成货币形式来比较,一般说来效益大于费用的设计方案是可取的,反之则不可取。多快好省是追求的目标。

(5)评价基准。评价基准是系统分析中确定各种替代方案优先顺序的标准。通过评价标准对各方案进行综合评价,确定出各方案的优先顺序及其优劣特点。评价基准一般根据系统的具体情况而定,费用与效益的比较是评价各方案的基本手段。

3. 系统分析的步骤

任何问题的研究与分析,均有其一定的逻辑步骤。根据系统分析各要素相互之间的制约关系,系统分析的步骤可概括如下:

(1)问题构成与目标确定。在一个研究分析的问题确定以后,首先要对问题作系统明确与合乎逻辑的叙述,其目的在于确定目标,说明问题的重点与范围,以便进行分析研究。

(2)搜集资料探索可行方案。在问题明确之后,就要拟定大纲和确定分析方法,然后依据已搜集的有关资料找出其中的相互关系,寻求解决问题的各种可行方案。

(3)建立模型(模型化)。为便于分析,应建立各种模型,利用模型预测每一种方案可能产生的结果,并根据其结果定量说明各方案的优劣与价值。模型的功能在于推动问题的认知并获得处理实际问题所需的指示或线索。但是要注意模型只是现实过程的近似描述,如果它说明了所研究系统的主要特征,就算是一个满意的模型。实际中不存在完美的模型。

(4)综合评价。利用模型和其他资料所获得的结果,对各种方案进行定量和定性的综合分析,显示出每一项方案的利弊得失和成本效益,同时考虑到各种有关的无形因素,如政治、经济、军事、理论等,将所有因素合并研究,获得综合结论,以指示行动方针。

(5)检验与核实。以试验、抽样、试行等方式鉴定所得结论,提出应采取的最佳方案。如果不满意,要回溯和反复。

在分析过程中可利用不同的模型在不同的假定下对各种可行方案进行比较,获得结论,提出建议,但是否实行,则是决策者的职责范围。

任何问题,仅进行一次分析往往是不够的,一项成功的分析,是一个连续的循环过程,如图 2.2 所示。

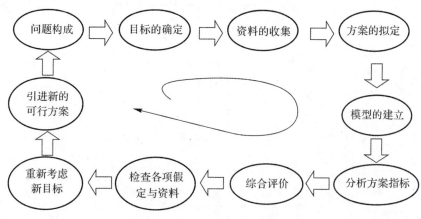

图 2.2 系统分析的步骤

有些专著也把系统分析的逻辑结构与基本流程划分为三个阶段、五个环节,如图 2.3 所示。

2.1.4 以 Hall 三维结构为代表的硬系统工程方法论

美国贝尔电话公司的工程师霍尔(A. D. Hall)总结开展系统工程的经验,于 1962 年撰写了《系统工程方法论》一书,提出了著名的三维结构方法体系。该方法论最初来源于硬的工程系统,适用于良结构系统。这种思维过程,在解决大多数硬的或偏硬的工程项目中,是卓有成效的,因此受到各国学者普遍重视。霍尔的方法论适应了20世纪60年代系统工程的应用需要:当时系统工程主要用来寻求各种战术问题的最优策略,或者用来组织管理大型工程的建设。

霍尔提出了系统工程的三维结构,把系统工程的活动,分为前后紧密相连接的七个阶段和七个步骤,同时考虑到完成各阶段和步骤所需要的各种专业知识。霍尔的三维结构理论为解决大规模复杂系统提供了一个统一的思想方法,详见图2.4。

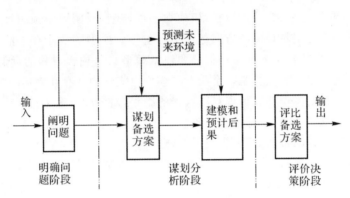

图2.3 系统分析的步骤(三阶段、五环节)

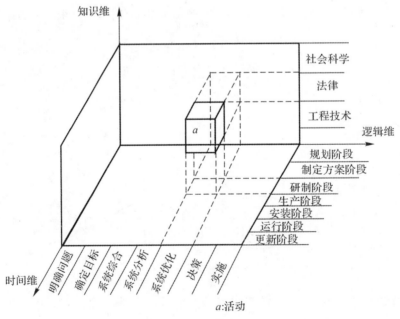

图2.4 Hall三维结构

1. 时间维

对一个具体的系统工程活动从规划阶段到更新阶段按时间顺序,可分为七个工作阶段,并贯穿了系统寿命周期全过程。

(1)规划阶段——制订系统工程活动的政策和规划。
(2)制定方案阶段——提出具体的计划方案。
(3)研制阶段——实现系统的研制方案,并作出生产计划。
(4)生产阶段——生产出系统的零部件及整个系统,并提出安装计划。
(5)安装阶段——把整个系统安装好,通过试验运行制订出运行计划。
(6)运行阶段——系统按照预期目标服务。
(7)更新阶段——改进或充实老旧系统,使之变成新系统而更有效地工作。

2. 逻辑维

将以上每一阶段展开,按照系统工程方法来思考和解决问题,有一个逻辑的思维过程,这个过程通常分为七个步骤:

(1)明确问题——弄清问题的实质。通过尽量全面地搜集有关资料和数据说明问题的历史、现状和发展趋势,从而为解决目标问题提供可靠依据。

(2)确定目标——弄清并提出为解决问题所需要达到的目标,并且制定出衡量是否达到目标的标准,以利于对所有供选择的系统方案进行衡量。

(3)系统综合——按照问题性质及总目标形成一组可供选择的系统方案,方案中要明确所选系统的结构和相关参数。在系统方案综合时最重要的问题是科学开放地提出设想。

(4)系统分析——对可能入选的方案进一步说明其性能和特点以及整个系统的相互关系。为了对众多备选方案进行分析比较,往往通过形成一定模型,把这些方案与系统的评价目标联系起来。

(5)系统优化——在一定的限制条件下,从各入选方案中选出最优者。当评价目标只有一个定量的指标,而且备选的方案个数不多时,容易从中确定最优者。但当备选方案数很多,评价目标有多个,而且彼此之间又有矛盾时,要选出一个对所有指标都最优的方案是不可能的,这时必须在各个指标间有一定的协调、折中、取舍,可使用多目标最优化方法来进行评价,确定各个方案的优劣次序。

(6)决策——由领导根据更全面的要求(特别是军事领域的敌我态势、指挥艺术、决策谋略等),选择一个或几个方案来试用,有时不一定就是以上的最优方案。根据系统工程的咨询性,决策步骤并非系统工程师的工作。但是决策技术则是系统工程的研究课题之一。

(7)实施——根据最后选定的方案,将系统具体付诸实施。如果在实施过程中,进行比较顺利或者遇到的困难不大,可略加修改和完善即可,并把它确定下来,那么整个步骤即告一段落。如果问题较多,就有必要回到上述逻辑步骤中认为需要的一步开始重新做起,然后再决策或实施。这种反复有时会出现多次,直到满意为止。

3. 知识维(专业维)

知识维是为完成各阶段各步骤所需要的知识和各种专业技术。通常可理解为工程、医药、建筑、商业、法律、管理、社会科学及艺术等各种专业知识和技术。从知识这个维度来考虑,就是要用系统的方法有效地获取上述各个阶段、各个逻辑步骤所必需的知识,并对其进行开发、利用、规划和控制,从而更好地实现系统总目标。

霍尔提出的基于时间维、逻辑维、知识维的三维结构,标志着硬系统工程方法论的建立。也有文献将运筹学方法论、系统分析方法论、Hall 三维结构、系统动力学方法论统称为硬系统工程方法论。硬系统工程方法论的特点是强调明确的目标,认为对任何现实问题都必须弄清其需求,其核心内容是综合优化。

4. 霍尔方法论的丰富与发展

1972年,Hill和Warfeild为克服约束条件复杂的多目标大系统组织方面的困难,在Hall三维结构的基础上提出了统一规划法。其实质是对Hall活动矩阵中规划阶段的具体展开,包括超细结构模型和神羊角模型,利用它可以较好地实现对大型复杂系统的全面规划和总体安排。

(1)循环收敛:超细结构模型——系统工程活动的全过程如图2.5所示。

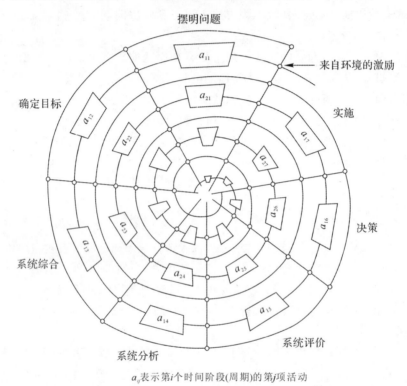

a_{ij}表示第i个时间阶段(周期)的第j项活动

图2.5 超细结构模型——系统工程活动的全过程

(2)迭代深入:神羊角模型如图2.6所示。

2.1.5 以Checkland方法论为代表的软系统工程方法论

20世纪70年代,系统工程开始逐步应用于更大规模社会、经济系统问题的研究,由于涉及的因素相当复杂且很多难以进行定量分析,Hall三维结构此时往往不再适用。80年代中期在管理科学家中又兴起一轮批评浪潮,他们认为现在管理学院太偏重理论和定量方法,培养出来的人可能成为眼光狭窄的技术型干部,缺乏人际关系和社会文化学问。为了适应发展的需要,1981年,英国学者切克兰德(Checkland)提出了软系统工程方法论(或称为Checkland方法论)。与Hall三维结构不同,Checkland方法论的核心不是最优化而是比较或学习,即从模型和现状的比较中学习改善现状的途径。Checkland 方法论是 Hall 方法论的演化、扩展。

因此,软系统工程方法论是针对不良结构问题而提出的,这类问题往往很难用数学模型表示,通常只能用半定量、半定性甚至只能用定性的方法来处理,这类方法被人们称为"软"的方法。软的主要标志是它吸取了人们的判断和直觉,因此解决问题时更多地考虑了环境因素与人的因素。

Checkland 方法论的基本流程如图 2.7 所示。

(1)不良结构问题(issues)的提出;
(2)问题的表示;
(3)有关系统的基本定义[CATWOE,即顾客(C)、行动者(A)、变换(T)、世界观(W)、所有者(O)和环境(E)];

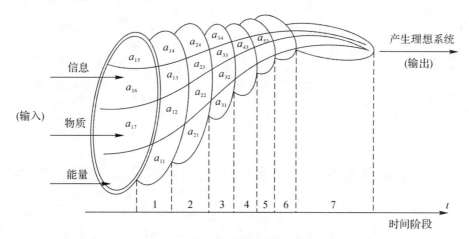

图 2.6 神羊角模型

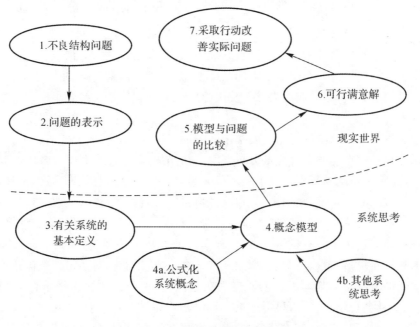

图 2.7 软系统工程方法论

(4) 提出概念模型(用概念模型代替数学模型,使思路更为开阔,用可行、满意解代替最优解又是价值观方面的重要变化);

(5) 将模型与问题的表示作比较;

(6) 找出可行、满意解;

(7) 采取行动改善实际问题。

综上所述,软系统工程方法论与硬系统工程方法论相比有许多不同,表 2.1 从对象、方法等角度给出了它们之间的差异。

表 2.1 软、硬系统工程方法论比较

	硬系统工程方法论	软系统工程方法论
处理对象	技术系统,人造系统	有人参与的系统
处理的问题	明确,良结构	不明确,不良结构
处理的方法	定量模型,定量方法	概念模型,定性方法
价值观	一元的,要求优化,有明确的好结果(系统)出现	多元的,满意解,系统有好的变化或者从中学到了某些东西

2.1.6 以钱学森观点为代表的从定性到定量的综合集成方法论

我国对系统工程方法论的研究起步虽晚,但也取得了较好的成果。1987 年,钱学森提出了定性和定量相结合的系统研究方法,并把处理复杂巨系统的方法命名为定性定量相结合的综合集成方法。1992 年,他又提出从定性到定量的综合集成研讨厅体系,进而把处理开放复杂巨系统的方法与使用这种方法的组织形式有机结合起来,将其提升到了方法论的高度。

1. 综合集成的概念和方法论

综合集成就是在先进技术、手段、工具和决策环境(数据、专家、知识、模拟仿真)的支持下,运用系统思想、理论和方法,在全面权衡的基础上,把握诸多因素,抓住主要矛盾以及矛盾的主要方面,使多样化的分析结果成为支持系统决策优化的合理依据。综合集成方法过程如图2.8所示。

综合集成思想和方法论的提出主要基于两方面:一是实践领域存在大量的非结构化和半结构化问题难以通过单纯的定性定量分析获得可信结果,需要专家和决策者的经验、艺术甚至直觉(这一点在军事系统和军事对抗中表现得尤为突出);二是信息技术(特别是计算机信息技术,包括人工智能、专家系统、辅助决策系统、模拟系统等)已广泛渗透并取得辉煌成就。

综合集成的方法论是将专家、群体,各种数据、信息、知识与计算机仿真和计算机决策支持系统等多种有效先进的手段有机结合,把各种学科理论与人的经验、知识结合起来,提供良好的人机界面和后台决策支持,集知识、智慧和技术之大成,以获得对系统的整体认识。

综合集成的方法论的基本思想主要表现在:科学理论与经验知识相结合;多种学科相结合;自然科学与社会科学相结合;科学理论与经验知识相结合;人与各类有效先进的手段和工具相结合;前台分析和后台支持相结合;各类专家相结合;宏观与微观相结合;定量分析与定性

分析相结合;各个系统工程阶段相结合;各类分析结果相结合;数据、信息、知识、范畴体系的累积和产生与更新相结合。

在提出了综合集成方法论之后,钱学森等人又提出了这一方法论的应用形式,即建设"从定性到定量综合集成研讨厅"。就实质而言,研讨厅体系是以计算机为核心,综合现代理论和技术,与专家体系一起构成的人-机系统。

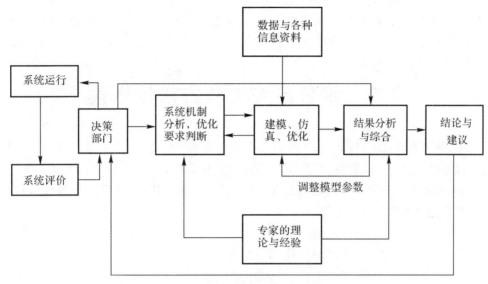

图2.8 综合集成方法过程

2. 综合集成方法论的局限性

综合集成更多表现为一种指导思想。技术与需求之间总有差距,技术往往是瓶颈。要搞好综合集成,要强化技术积累。没有技术支撑,集成容易流于一般方法论的形式。

2.1.7 物理-事理-人理方法论

在钱学森、许国志、李耀滋等提出的物理-事理方法论基础上,朱志昌与顾基发共同提出了物理-事理-人理(简称"WSR")系统方法论。物理主要对应于硬件;事理主要对应于软件;人理主要对应于斡件。WSR方法论是对软硬系统工程方法论的更广泛和高层的拓展,追求的总体目标是物适、事谐、人和,与社会发展的长久目标一致。物理-事理-人理系统方法论的主要内容如表2.2所示。

表2.2 WSR方法论内容

	物理	事理	人理
对象与内容	客观物质世界、法规、规划	组织、系统管理和做事的道理规律	人、群体、关系、为人处世的道理
焦点	是什么?功能分析	怎么做?逻辑分析	最好怎么做?可能是什么?人文分析

续表

	物理	事理	人理
原则	诚实；追求真理	协调；追求效率	人性、和谐；追求成效
所需知识	自然科学为主	管理科学、系统科学	人文知识、行为科学

WSR方法论主要步骤是：理解领导意图；调查分析；形成目标；建立模型；协调关系；提出建议。

2.2 军事系统工程方法论概述

军事系统工程方法论遵循系统工程方法论基本框架。但是，由于军事建设和军事对抗的管制性、谋略性、博弈性、长期性、激烈性、残酷性，军事系统工程方法论也有其特点。另外，军事领域还发展起来一些独具特色的方法论，比如综合集成方法论、战争设计与作战实验方法论、基于军事信息系统的方法论等。

2.2.1 军事系统工程的基本观念

系统工程与军事实践密不可分。根据军事系统工程的特征，在用军事系统工程方法处理问题时，需强调以下基本观点[1]：

(1) 明确问题的目标和准则的观点。

军事系统工程是一门解决实际问题的应用科学，它不是纯理论科学。要完成任何一项具体军事系统工程，都必须首先明确问题本身及其目标，然后才谈得上其他。目标确定之后，还有一个衡量目标的准则（即衡量标准）问题。比如，第二次世界大战初期英国在运输商船上加装防空高炮的实例，若是以高炮击落德国飞机的数量而言，似乎得不偿失；但是以提高商船生存率而言，则效益显著。现代装备发展，涉及购买、引进仿制、自力更生发展等各种选择，如果仅仅满足于购买或者引进仿制，长此以往，隐患危机就可能越积累越严重。

(2) 总体最优(满意)的观点。

同一切方法一样，军事系统工程也强调优化。可是，由于实际问题的不定性和复杂性，最优化一般只是理论上的。运用军事系统工程，则要把各种实际因素妥善地协调起来，能够求得可行解或满意解。系统总体最优包含三层意思：一是从空间上要求整体最优；二是从时间上要求全过程最优；三是总体最优，这是从综合效应反映出来的，它并不等于构成系统的各个要素都是最优。比如，对武器装备，除了要追求战术技术性能指标外，还要考虑其可靠性、维修性、保障性、安全性、生存性、费用等要素，权衡折中，优化总体效能。再比如，对于作战，为了全局胜利，有时不得不牺牲少数或者局部利益。

(3) 实践性的观点。

---

[1] 徐毓. 军事系统工程[M]. 北京：军事谊文出版社，2001年8月：28-30

军事系统工程非常注重实用,如果离开具体的项目和工程也就谈不上军事系统工程。当然,实践性并不排斥对军事系统工程本身理论的探讨和对其他领域系统工程经验的借鉴。

(4) 决策科学化的观点。

现代战争、现代军事问题的复杂性,对决策的科学化提出了严格的要求。脱离定性研究来进行定量分析,就只能是数学游戏,不能说明系统的本质问题;同样,只注意对系统进行定性分析,而不进行定量研究,就不可能得到最优化的结果。运用军事系统工程进行决策,就可以把定性分析、定量分析、指令性分析等进一步结合起来,借用数学工具和计算机,努力使决策建立在科学的基础上。

(5) 时间价值的观点。

时间、费用、效能,是军事系统工程的三大要素。时间的不可逆性与现代军事发展速度的加快,极大地增加了时间的价值。在战争中,时间就是生命,时间就是战斗力,时间就是胜利。因此,军事系统工程十分讲究时间效率的发挥与提高。

(6) 博弈的观点。

军事系统是基于对抗存在的。军事问题分析决策是基于对策而展开的。明暗的对手之间互相揣测、设谋、发展、遏制,是军事系统发展的主旋律。

(7) 专权独断的观点。

在作战领域,"将在外,君令有所不受"。多谋必须善断,犹豫是战败的最大祸端。战场对抗,瞬息万变,一线的指挥员对于战场情况的处置一般拥有权威性,并且,有唯一的"说了算"的指挥员。在军队建设和管理的广泛领域,则更加强调系统性、科学性等。

(8) 风险性的观点。

风险处处存在于军事系统和军事对抗之中。装备发展有折中、平衡、取舍,战场建设有漏洞风险,特别是作战对抗,在动态博弈中,真假混沌、虚实难辨,风险更是难以把握。这也告诫军事指挥人员,作战对抗不是教条,不是表演,满腹理论条款的将军可能战场上打不过"土八路"。因此,要用辩证的、理论实践结合的观点去学习、思考、感悟、运用系统工程。用概念模型代替数学模型,使思路更为开阔,用可行解、满意解代替最优解又是价值观方面的重要变化。

2.2.2 军事系统工程的基本步骤

军事系统工程的基本过程类似于系统工程的一般过程。系统工程三维结构方法原则上也适用于军事领域,将其同解决军事系统工程问题的实际情况结合起来,具体的方法步骤大致如下:

第一步是提出问题。问题可以存在于上级下达的重要任务中,也可以是自身在军事认识与实践中遇到、发现的难题。无论是战略问题还是战役、战斗问题,或是军事指挥、武器研制、后勤保障等方面的重大、复杂课题,提出时应说明问题的性质、范围和研究的目的、重点、关键、意义。不明确问题的性质、范围和边界条件,系统分析、研究对象就不清楚;不明确研究的目的、重点和关键,系统分析、研究的方向与途径就无从选择,不知该从何下手。

第二步是确定目标。目标就是方向,就是主题,就是归宿,应根据军事问题的性质、研究的目的与现实约束条件综合确定。目标确定后,还要具体规定衡量目标的标准,如系统的功能指标或目标函数,以便作为系统分析过程的准则和检验、评价最后结果达到目标的程度的依据。

在一个庞大而复杂的军事系统中,目标往往并不止一个,比如要求作战的结果既要消灭敌人又要占领地盘,甚至可能有时间上的规定等。不仅如此,下属的子系统或系统运动的各个阶段,还可能有各自的分目标等,从而形成一个多层次、动态、密切关联的目标体系。但无论如何,必须十分明确系统的总目标到底是什么,在多目标中谁为主、谁为次,只有系统的总目标,尤其是主要目标,才是整个系统分析的基本依据。

第三步是系统综合。就是要根据所研究问题的性质及其目标要求,全面搜集实现目标的各种可能途径、手段和措施等,对情报、信息、数据进行相应的整理、综合,以形成和拟定适用的备选方案。搜集、整理有关情报、信息、数据时一定要力求完整、可靠、科学,尽量掌握能解决问题的多种途径和方案,以便下一步比较、选择。例如,为了研究现代条件下粉碎敌人集群坦克进攻这个问题,可以使用步兵、炮兵、装甲兵、武装直升机兵和航空兵等各种可供选择的途径与方案,有关每一种途径、方案或几种综合的途径、方案对付坦克群的能力与效果的情报资料,必须尽量加以搜集和整理。

第四步是系统分析。主要是通过运用军事科学理论、系统科学理论、运筹方法、模拟技术和计算机技术等,对各种备选的系统方案进行定性定量相结合的分析,认真考察各种解决问题的方案有什么长处和短处、优点和缺点。这一步是运用军事系统工程方法的关键和难点所在,必须认真建模和研究分析相应的军事模型。有的放矢选择和改变模型的各种参数,就可能运用计算机进行模拟试验或者作战推演,以取得客观、科学的数据资料,作为认识各种系统方案特点的参考,得出对系统的效果与后果的分析结论。

第五步是决策优化与实施。首先是运用各种科学的军事方法对系统分析的结果进行比较、鉴别、评价,从中选出最优或最满意的一种系统方案,作为军事决策或研究结论确定下来。进行评审、选择和优化时,一定要以系统的总目标及其综合标准为依据,既可只选一种方案,也可综合几种备选方案而得出新的方案,使之能真正达到优化的程度。在决策实施和控制过程中,还必须对其反复检验、调整和完善,以实现最佳的设计、组织和控制[①]。

我们强调,上述过程是主动和被动反复循环迭代的过程。主动是指在每一个项目或者要素上,可能都要将这些环节一一来过;被动是指随着对系统的更深入的认识,有些内容需要修正。系统工程追求的理想是一步到位,但是,现实的客观情况往往是只能步步逼近。

同时,在系统工程的每一个阶段、环节、要素上,都可以应用和发展有效的方法技术,比如装备及体系的发展论证、作战部署、任务规划、指挥控制、综合保障等。

2.2.3 基于 Hall 三维结构的军事系统工程方法论

Hall 三维结构是更偏重于军事工程层次的方法论。
(1)知识维(专业维)。
军事系统工程 Hall 三维结构方法论中的知识维涵盖军事门类、工程技术门类、军队管理学(包括心理学等)、现代信息技术等知识。在面向具体的军事问题时,需要构建相对应的团队知识结构。
1)军事知识:军事装备、编制体制、作战理论、战术战法、指挥控制、条令条例、法律法规等。

---

① 徐毓.军事系统工程[M].北京:军事谊文出版社,2001年8月:36-37

2)工程技术知识:领域工程技术(机械、电子、计算机、信息等工程技术)、系统工程技术(系统分析,建模仿真,系统评价,可靠性、维修性、保障性技术)、军事运筹分析(系统优化)技术等。

3)信息技术:(军用)软件工程、军事通信网络技术、数据库技术、应用开发技术等。

4)军队管理学知识。

知识维(专业维)依然是一个逐层分解的结构。每一个条目都可以继续细分。

(2)时间维。

按照系统层次思想,时间维(见图2.9)可以逐步分解为:战略周期、中短周期、系统周期。战略周期、中短周期、系统周期等在横向上包括多个领域或者体系的发展过程,这些领域和体系都是可以逐层分解的要素结构。在每一个时间点上,各个层次范围都开展并行工作。

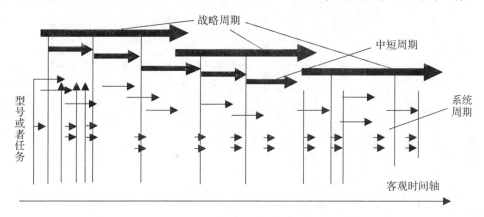

图 2.9 时间维

(3)逻辑维。

军事系统工程逻辑维的基本环节是:分析环境及敌我态势、确定目标、逐层分解、制定计划、分析推演、调整优化、决策拍板、落实实施、指挥控制、反馈调整、阶段总结与总体评价、提出对策建议和下一步工作的需求。

对于不同的军事系统工程领域,比如装备系统工程、信息系统工程、保障系统工程、作战系统工程等,都可以在军事系统工程的一般框架基础上,进一步深化、细化、实化。

军事系统工程的难点在于环境态势的分析和系统目标的确定,以及后期随着态势演化的计划方案调整甚至推倒重来。要知己知彼,当然知彼更难。

军事系统往往具有一定的硬性和封闭性。技术层面,决策之前可以有条件地分析沟通研讨(这也要辩证对待,研讨争鸣多了,可能干扰指挥员的判断和决心,历史上许多出奇制胜的战例是个别指挥员"一意孤行"的结果),决策之后要坚决贯彻执行;作战指挥层面既要多谋,又要善断,禁止违背纪律的道听途说。军事谋略层次,则需要隐秘间诈、瞒天过海、韬光养晦。

军事系统具有对策性、博弈性,需要不断调整计划。作战系统工程中,甚至可能要准备重新洗牌。

军事系统具有强力控制性。这需要防止过度或者片面的首长意志或者拍脑袋决策。系统工程的思想要深入体制机制和组织规划管理之中。有些组织管理程序方法,要因地制宜,避免急躁鲁莽或者优柔寡断(最难把握的就是"度")。

2.2.4 基于 Checkland 方法论的军事系统工程方法论

硬系统方法论的核心是优化过程,作为软系统方法论的 Checkland 方法论的核心是学习过程[①]。

军事系统复杂性日益凸显。先期的、宏观的把握越来越困难,也越来越重要。在系统工程的迭代中,对系统认识不断加深,"硬"的色彩自然逐渐增强。

军事系统的发展建设和运用要尊重科学和社会人文,合理和谐是发展的根本之道。作为一种软方法论,Checkland 方法论对于军事系统工程自然有其指导意义(见图 2.10)。

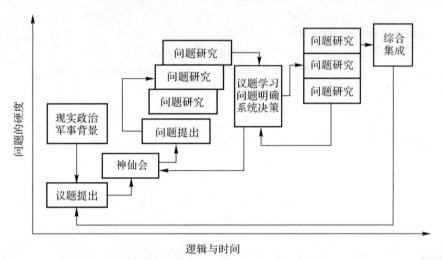

图 2.10 基于 Checkland 方法论的军事系统工程方法论

在 Checkland 方法论的运用中,要注意软硬结合,并处理好软硬度的匹配。在上下级关系比较严格的军队系统中,需要决策人员、系统分析人员、技术人员的深入协作。基于博弈对抗谋略的考量(所谓兵不厌诈),还要力争把握好知情范围、虚实真假等。

2.2.5 基于物理-事理-人理的军事系统工程方法论

基于对社会组织系统的深刻认识,物理-事理-人理方法论追求的境界是人和-事谐-物适,是一个更高层次、更宽广、更具弹性的方法论指导。物理-事理-人理方法论的追求与军队管理的目标异曲同工。

人和:追求管理人性化、严格正规,不搞简单粗暴甚至野蛮的管理。不可回避的是,当前,太平日久、独生(少生)子女成长为主流、物质的丰富、社会道德标准的变化,对军队人和的实现构成冲击。不能简单强制,需要从机制、方法、教育、管理等各个角度下更大力气予以切实关注和合情合理的解决。

事谐:把握、筹划、组织好各个层次、各个环节、各个部门、各项事宜的实施和落实。

---

① 陈庆华. 系统工程理论与实践[M]. 北京:国防工业出版社,2009 年 12 月:36

物适:强调实现经济、适用、高效。发挥物力财力的效用,减少浪费。这些在部队建设的现实中都是实实在在、需要长期注意的问题。现代军事体系从装备发展、部队训练演练到综合保障,再到用兵一时的战场交锋,对于人力、物力的消耗越来越大,这更加需要通观全局、立足长远、系统筹谋、严谨执行。否则,可能在激烈竞争博弈中败下阵来。

2.2.6 军事系统综合集成方法论

综合集成方法论侧重于技术层次。综合集成方法论是网络中心战、体系对抗的必然方法论体现和要求。

1. 综合集成的内容

综合集成的内容概括起来不外乎军事人力、物力(装备)、财力(资源)、信息、时空、能力、流程等。

军事系统包括多个组成要素或环节,分布在战略、战役、战术各个层次上。从作战逻辑来看,包括侦察、预警、引导、跟踪、制导、杀伤、效果评估等环节。系统综合集成可以从不同的角度实施,然后加以综合权衡。

(1)能力环节集成。在指控系统指挥下,对目标的预警探测、发现跟踪、信息对抗、拦截打击、作战保障,以及对重要目标的防护等要形成完整高效的系统环节。

(2)效能集成。使得各个作战能力有效协调,系统总体效能和作战效能获得释放、提高或者优化。

(3)空间集成。综合部署作战系统的安全区域、攻防区域、预警探测区域、发现跟踪区域、火力杀伤区域等空间因素。

(4)时间集成。有至少两个方面的含义:一是从作战流程上,时间因素要环环相扣,不能脱节或混乱;二是从连续作战角度,要有效调度资源,控制兵力投入节奏,提高连续作战的能力。

(5)作用(作战)对象集成。作战的对象不是一成不变的,往往类型多,信息模糊,对抗特性也不同,需要考虑作战对象的战术、技术、战法特点,合理编配我方作战力量,力争牛刀杀牛,鸡刀杀鸡,减少或避免牛刀杀鸡、鸡刀杀牛的尴尬。

(6)作战武器型号系列集成。一种武器系统型号总是有其战术技术指标值和作战运用特征,形成更高层次战斗力,要取长补短,相互依托,构成合理高效的一体化火力配系。

其他包括信息对抗集成,可靠性、维修性、保障性综合,人机系统集成,演示验证与部署装备的集成,等。

2. 军事系统综合集成三维结构

军事系统综合集成至少可以划分为一个三维结构,如图 2.11 所示,包括层次维、能力维、型号维。层次维包括战略、战区、战役、战术、战斗等;能力维包括信息获取能力、指挥控制能力、火力打击能力、综合保障能力等;型号维包括天基、地基、空基、海基系统型号,打击系统型号,指挥自动化系统型号,等。

3. 军事综合集成基本模式

军事系统综合集成也是一个在军事需求牵引之下、技术基础之上的系统工程过程。军事系统综合集成基本模式如图 2.12 所示。

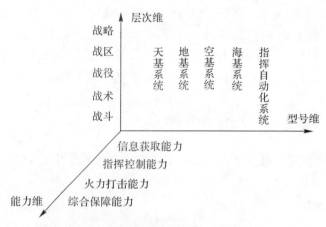

图 2.11 军事系统综合集成三维结构①

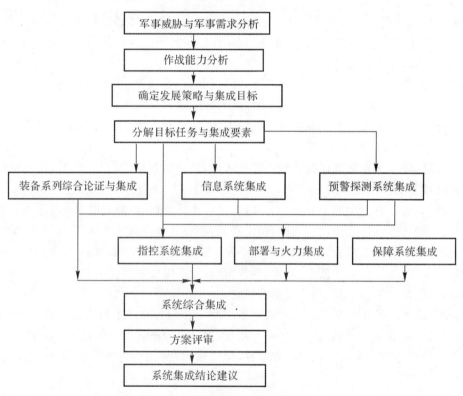

图 2.12 军事系统综合集成基本模式

2.2.7 战争设计与作战实验方法论

战争设计和作战实验是当前军事系统工程的热点,也是信息化条件下军事系统工程方法论的新发展。

---

① 辛永平.天基信息支持下反导系统综合集成研究[D].西安:空军工程大学,2008年3月

1. 战争设计

"一流的军队设计战争。"制胜先机缘于精心设计。在美军参与的最近四次大规模局部战争中,无论是战争的进程,还是战争的结果几乎都在美军设计的掌控之内。"从战争中学习战争"是冷兵器时代以及机械化兵器时代的规律。信息化战争的进程大大加快了,往往在战争刚开始的几天就会显露出战争的结局,很难有"从战争中学习战争"的机会。因此需要"战争前研究战争"。最好方法就是设计战争。"不打无准备之仗"既包括兵力、物力上的准备,也包括作战理念、战法、武器装备等各方面的准备。战争设计就是为了做好这些准备。

战争设计工程就是在现代技术特别是现代系统工程、信息技术的支持下,采用集体研讨方式,充分发挥人的创造性,将定性分析方法与科学计算、模型模拟等定量分析方法相结合,在可预期的武器装备体系变革条件下,对未来战争形态的探索与设计,既可用于对未来武器装备体系发展进行研究,也可用于对未来战争样式、战术运用等方面进行探讨。

战争设计是一项系统工程。战争设计工程就是运用工程化的方法对战争进行设计。信息化时代的战争设计是一个复杂的系统工程,需要合理的分工和协作。作为一种工程化方法,战争设计的一般流程与关键技术尚有待在实践中探索,其基本框架、阶段划分、阶段任务、参与者、产品等如图 2.13 和表 2.3 所示①。

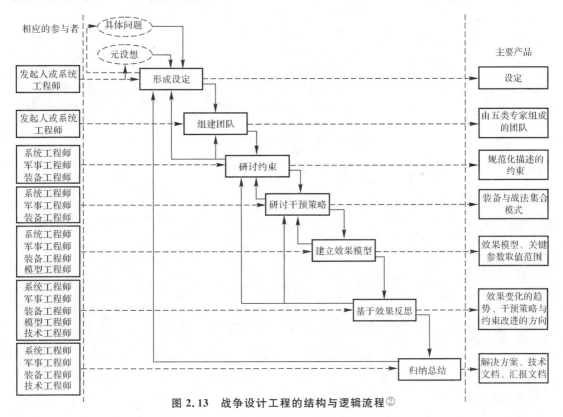

图 2.13　战争设计工程的结构与逻辑流程②

---

① 沙基昌.战争设计工程[M].北京:科学出版社,2009 年 5 月:64
② 沙基昌.战争设计工程[M].北京:科学出版社,2009 年 5 月:80 − 81

表 2.3　战争设计工程各阶段主要任务、主要参与者和相关产品列表

阶段名称	目标	主要任务	主要参与专家	产品
形成设定	使得隐式的元想想显式化	明确背景、问题及其目标、确定问题的相关领域;规范化描述上述内容	战争设计工程发起人或者系统工程师	设定
组成团队	建立项目团队、重组战争设计工程团队	根据特征,选择合理的五类领域专家	战争设计工程发起人或系统工程师,或者当前战争设计工程团队	具有合理知识结构的研究团队
研讨约束	明确未来情景与关键变量	①分析未来情景,把问题聚焦到一个具体领域;②研讨具体领域下的约束(边界、假设等)	系统工程师、军事工程师、装备工程师	约束的明确性描述
研讨干预策略	研讨出具有创新性的干预策略	战法指导下的装备策划;装备假设条件下的战法研讨	系统工程师、军事工程师、装备工程师	装备与战法结合模式的原型
建立效果模型	建立干预策略与作战效果之间的桥梁	①建立干预策略的概念模型,包括典型作战环境和作战过程;②确定关键参数及其范围;③建立效果模型(仿真模型、解析模型)	系统工程师、军事工程师、装备工程师、模型工程师	干预策略实施的概念模型、效果模型、关键参数变化范围
基于效果反思	验证干预策略的有效性、适应性,并且确定干预策略改进(演化)的方向	①关键参数的灵敏度分析(在效果模型上反思结合模式,包括单因素分析和多因素分析);②反思装备与战法结合模式合理性;③反思约束合理性	系统工程师、军事工程师、装备工程师、模型工程师、技术工程师	效果随关键性变量变化的趋势、干预策略改进方向、约束条件改进方向
归纳总结	与团队之外的相关人员进行交流	①总结归纳出详细设定;②研究过程资料的总结;③研究过程及其结论的展示	系统工程师、技术工程师	解决方案(最终版详细设定)、技术文档、汇报文档

2. 作战实验

美国国防部有关机构对作战实验的定义是:"作战实验是支持作战概念和作战能力发展的科学实验活动。"作战实验是运用建模与仿真、实兵检验、专家研讨和综合集成等方法所进行的军事"预实践"活动。军事系统与作战的每一个层次与环节都有广泛的作战实验需求。信息技术的发展为作战实验的深入开展提供了技术支撑。作战实验室是开展作战实验的平台和依

托。作战实验也可以看作是军事系统工程的一个手段。作战实验是实验方法在军事学科研究中的体现。作战实验方法和技术为军事科学研究提供了一条新的、有效的探索之路。信息时代体系化对抗的特点,给作战实验提出了需求,也提供了技术途径。

美军通过对海湾战争的反思,制定并推行新军事革命的战略计划,确定了"提出理论—作战实验—实兵演练"的发展途径,以研究未来可能发生的战争,从而指导其武器装备、作战理论、编制体制等方面的发展。为此,美军各军种和联合参谋部相继建立了多个作战实验室,并实施了一系列高级作战实验,取得了明显成效①。

作战仿真实验是作战实验的最主要的手段。计算机仿真实验(作战仿真实验)是指设定相关的实验条件,建立仿真模型,运行仿真模型,获取实验结果与分析实验结果的一种活动。它可以在计算能力允许的条件下,进行反复实验,获取大量的实验样本数据,可以大大提高仿真实验结果的信噪比,使得结果更可信。计算机仿真实验技术在作战领域得到了广泛的应用,例如作战方案的选择、武器装备的论证、指挥控制体制的优化等领域都离不开仿真实验技术。而应用日益深入的军事信息系统本身就主要是计算机信息系统。因此,作战仿真实验不但可以在军事指挥系统以外独立预实践,也可以用技术军事信息系统直接在线开展作战仿真实验。

基于作战实验的方法论流程如图 2.14 所示。

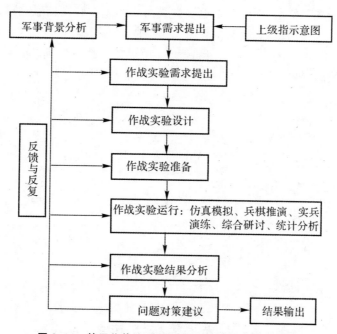

图 2.14 基于作战实验的军事系统工程方法论流程

2.2.8 基于信息系统的军事系统工程方法论

随着信息技术的迅猛发展及其在政治、经济、军事等各个领域的广泛深入运用,信息系统已经成为军事体系的支撑系统、资源系统,权限分配、流程构造、决策机制的体现和一体化平台

---

① 孙柏林.美军作战实验情况综述[C].北京:香山科学会议第 262 次学术研讨会,2005 年 9 月:41

环境。信息技术产品已经不是选择使用的工具和手段,网络也不仅是计算机及通信,它们已经成为人类社会活动不可缺少的平台、环境、工具。信息系统在其中扮演最重要的角色,成为社会活动的不可割裂的一个方面。绝大多数中青年公民(也包括为数不少的老年人)在遇到陌生事务时总是借助于网络获得初始信息,特别是在智能手机成为主流的情况下,这种求助方式更为方便、强大,同时个体对网络的依赖更大。军事领域也不例外。基于信息系统的方法论框架如图2.15所示。

军事系统的发展,特别是高精尖信息化武器装备、指挥控制系统的发展,正在从以人为中心、以装备为中心,向人机网络结合为中心发展。信息技术和信息系统的发展建设,使得智能化、自动化、无纸化、集成化设计、流程设计、任务规划、辅助决策等日益凸显。现在各个领域的决策,许多在网络平台之上,特别是复杂的系统过程和分布式的决策机构中。另外,在装备层次,大量的嵌入式软件和信息设备,有模拟训练仿真系统、大量军事信息系统和作战指挥信息系统;而在技术层次,基于信息系统的分析设计、模拟仿真、试验床、集成设计制造等技术,不断渗透和改变系统工程的思维方式和过程步骤。信息技术使得人机界面向"傻瓜式"发展,流程化向客观化发展,而将大量的系统工程的思想、设计、方法、技术则隐蔽在后台。

军事信息系统的设计、实现和运用,以及基于信息系统体系作战的牵引,对于军事思维方式具有巨大的推动、先导作用,促使军事思维方式由实体思维转向信息思维、由要素思维转向系统思维、由单向思维转向多向思维、由静态思维转向动态思维、由点面思维向网络思维、由守常思维转向创新思维、由封闭思维转向开放思维、由应急思维转向前瞻思维[①]。同时,由于信息系统的严格制约和强力支撑,系统工程方法技术和工具应用的深度、广度和便利度都大幅度提高。

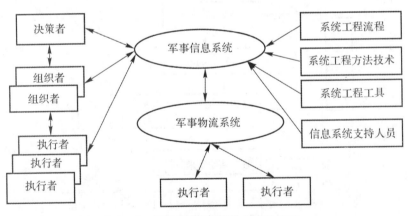

图2.15 基于信息系统的方法论框架

因此,在信息系统的有力支持下,决策者、组织者、执行者、技术人员等面对问题时,首先是面向信息系统,如有什么支持、执行什么任务、遵循什么流程、接口关系如何,在信息网络框架下,分布式协作完成自己的任务。

必须注意破除把信息系统和军事系统工程割裂开来的错误认识,信息系统的设计实现,是

---

① 林开云.基于信息系统体系作战视阈的军事思维方式转变[J].解放军理工大学学报(综合版),2012年第1期:24-30

更高层次军事系统工程的有机组成部分,信息系统与系统用户在功能上是一体设计的。信息系统决不仅仅是通信保障系统[1]。

当前,基于互联网+、大数据、人工智能的信息技术及其应用异军突起,大有颠覆传统作战思维的趋势。当然,这一过程必然是曲折困难的。

但是,由于当前信息系统的脆弱性,军队建设发展和作战面临信息化自动化和人工化如何并立的两难选择。信息化是不可逆转的技术潮流。如果,以机械化水平与信息化水平与对手对抗,前者的战斗能力肯定是要大打折扣的。

2.3 军事系统工程方法论的落实

方法论是思想、框架、步骤。要将方法论落到实处,就要有相应的管理指挥体制机制、物力、财力、人力、信息力的联合落实。因此系统工程方法论的落实与编制、管理体制机制等密切相关。

2.3.1 编制体制与机制

编制体制是权力和资源的整合与分配;机制是系统运行的流程与规则。大到国家军事战略,小到装备型号研制或者技术管理,科学合理的编制体制结构是实现任务的必要基础前提,也是提高质量和效益、降低风险和代价的关键环节。编制体制和运转机制一旦确立,则纲举目张,落实就有了依托和主导。编制体制和运转机制也是顶层设计的最重要任务。改革的主要任务和难点大都源于编制体制与机制的调整。

1. 美俄军事体制的变革

美军体制编制改革积累了丰富经验,对我们的启示是:军队体制编制改革必须有利于发挥战时效能而不是平时效能;必须着眼于国家安全和军队使命任务对军事能力建设需求的变化;必须致力于建立联合作战体制、优化作战部队结构,实现各作战单元、作战要素的高度融合;必须化解体制内的重重阻力并争取广泛的力量支持[2]。由于编制体制调整改革难度大、代价大、周期长,美军特别注意以信息技术弥合体制编制的不足。

俄罗斯自2008年启动的"新面貌"军事改革的重点之一就是建立新的体制编制。俄军大力裁减简编师和架子部队,将营、团、师、集团军、军区的臃肿体制和条块分割、作战职能单一的军兵种编制,改为战略战役混编兵团;改变部队以前垂直的"军区-集团军-师-团"四级指挥控制系统为新的"军区-作战指挥部-旅"三级体制,主要作战单位由师变旅[3]。空天防御体系是俄罗斯重点建设力量。俄罗斯不断调整编制体制,在2011年组建空天防御兵的基础上,又于2015年8月1日正式组建空天军,以进一步整合资源。

---

[1] 蓝羽石.网络中心化军事信息系统能力评估[J].指挥信息系统技术,2012年第1期:1-7
[2] 吴东莞.美军体制编制改革经验和理念对我军的启示[J].南京政治学院学报,2014年第5期:109-113
[3] 郝俊平.俄罗斯"新面貌"军事改革体制编制研究[J].空军军事学术,2014年第5期:107-109

2. 神舟飞船指挥系统

随着我国航天科技工业的发展,逐步建立起了一整套行之有效的组织指挥系统:型号工程项目的总设计师技术指挥系统和型号工程项目的总指挥行政指挥系统(简称"两总系统")①。两总系统的结构和运行机制如图 2.16 所示。在下达该工程项目研制任务的同时任命该工程项目的总设计师、副总设计师,而且随着研制工作的开展,还要任命各分系统主任设计师和单项设备、部件的主管设计师,建立起相应的设计师系统。这样以各级设计师为核心,加上各级行政系统的技术负责人,共同组成工程项目研制工作的技术指挥线。行政指挥线是以各级行政部门中主管该工程项目的领导为首,以计划及其调度系统为主,由机关职能部门有关人员共同组成,是工程项目研制工作的行政组织者和指挥者,以保证设计师系统技术决策的实现与工程项目研制任务的按期完成。

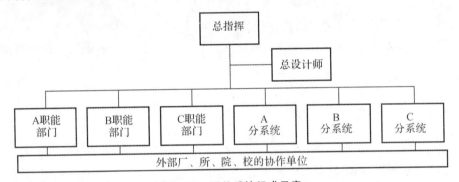

图 2.16 两总系统组成示意

两总系统从高层将神舟飞船的全过程、全要素指挥调度起来,保证了系统工程管理的贯彻落实。在工程项目研制过程中,"两总系统"相互支持,密切配合,两者既有明确分工,各负其责,又相互交叉,是工程统一指挥中两个相得益彰的侧面。实践证明,这种组织管理制度也推动了我国航天型号工程项目的研制和发展。当然这种"两条指挥线"所具有的双重领导的先天性制度缺陷及行政指挥系统实行党委集体领导、在决策程序和承担决策后果等方面责任不够明确的问题日益突出,并且经常会影响到项目的进度、质量、成本的控制水平。因此,在航天型号管理中,要不断完善对航天型号项目的组织和管理。

为了进一步提高管理效益,神舟飞船工程应用系统工程管理理论,借鉴国外先进的项目管理模式,创建了现代化的型号工程项目管理模式,在原有卫星两条指挥线的管理模式基础上,在神舟飞船系统研制项目管理上实施航天型号项目经理负责制。项目经理在型号研制中,享有技术和管理决策、人员调配、经费审批和奖惩等权利。为有效支持项目经理开展工作,建立由总体技术部门、进度、质量、成本、物资等各管理职能部门派驻的技术经理、计划经理、质量经理、合同经理、物资经理等人员组成的项目办公室,作为项目经理的办事机构,首次将范围、进度、质量、采购、经费、人员、沟通、风险等原本分割的管理要素集成管理,统一策划、统一调度。

---

① 袁家军.神舟飞船系统工程管理[M].北京:机械工业出版社,2006 年 1 月:18

2.3.2 系统工程文件法规

系统工程文件法规的健全与遵守是落实系统工程方法论的标志之一。对于发展初级阶段,这往往也是一个难点。系统工程文件法规主要包括:完整系统的计划体系、法律法规、标准规范、制度、流程;管理信息系统与决策支持系统;各类文件文档,如图表、文字、多媒体;数据工程、数据库、案例库等。

1. 完整系统的计划体系

完整系统的计划体系是任何复杂系统或者过程的框架指南,是指挥控制调度的依据和结晶。在我国神舟飞船系统工程管理中,从时间、层次两个维度,建立了完整系统的计划体系。计划体系将范围、进度、质量、采购、经费、人员、沟通、风险等要素一体统筹,涵盖整个系统及周期,通过系统策划和综合平衡,从时间维、系统层次维两个不同角度,制定整个一期工程中长期计划、大阶段计划,系统级、分系统级和单机级单船计划、年度计划、小阶段计划,并一直分解到月、周、日计划,对于短线和专项制定专题计划,形成系统完整的计划体系,通过包含 3000 多份计划的计划体系,使工程各系统成为纵横有序、衔接紧密、运筹科学的有机整体[①]。

2. 标准规范、法律法规、制度、流程

标准规范、法律法规、制度、流程是指导系统工程过程和活动的顶层文件。系统工程标准源于系统工程实践,是系统工程实践经验的总结和升华。凡是工业发达国家,都非常重视标准规范的建设和运用。以美国为例,自 1969 年美国国防部发布第一个系统工程标准以来,系统工程的标准就一直在美国工业实践中起着重要的指导、规范作用。标准化过程的灵活应用对获得灵活采办的效益来说是必不可少的。灵活应用标准化有助于在时间、费用和性能参数内交付采办项目的同时,减少风险,并鼓励创新,以保证满足用户和系统的要求。这也是每一个发达国家经验的结晶。

标准规范、法律法规一般由国家制定发布。制度流程可以由企业或者团体在国家标准规范、法律法规框架约束下量身定做,更具灵活性和适应性。

3. 管理信息系统与决策支持系统

现代管理已经和管理信息系统与决策支持系统紧密地耦合在了一起。优良的管理信息系统与决策支持系统必然会给军事系统工程的开展、活动、过程提供良好的平台、途径、工具、支持和约束。我国的管理信息化经过了管理信息系统(MIS)、计算机集成制造系统(CIMS)、企业资源计划(ERP)系统、客户关系管理(CRM)系统等阶段,正在步入以大数据、云计算、宽带互联为技术特征的"互联网+"阶段。管理信息系统与决策支持系统已经普遍渗透到从个人到国家事务的各个阶层和领域之中。这也是系统工程在信息时代的必然现象。

4. 文件文档

每一类系统工程项目,总会产生大量的文件文档(图表、文字、多媒体等)。这些文件文档是宝贵的积累,但是在后续工程项目的参照中需要扬弃和发展。由于信息技术的发展,这些文档资料越来越多地以电子文档(包括数据库、案例库、数据仓库等)的形式存储、管理、检索和

---

① 袁家军.神舟飞船系统工程管理[M].北京:机械工业出版社,2006 年 1 月:29

运用。

2.3.3 系统工程的实体——总体设计部

从20世纪以来,现代科学技术活动的规模有了很大扩展,工程技术装置复杂程度不断提高。40年代,美国研制原子弹的"曼哈顿计划"的参加者有1.5万人;60年代美国"阿波罗载人登月计划"的参加者是42万人。要指挥规模如此巨大的社会劳动,靠一个"总工程师"或"总设计师"是不可能的。

20世纪50年代末60年代初,我国为了独立自主、自力更生地发展国防尖端技术(比如导弹武器系统),开展了大规模科学技术创新研究工作,同样碰到了这个问题。导弹武器系统是现代最复杂的工程系统之一,要靠成千上万人的大力协同工作才能研制成功。研制这样一种复杂工程系统所面临的基本问题是:怎样把比较笼统的初始研制要求逐步地变为成千上万个研制任务参加者的具体工作,以及怎样把这些工作最终综合成一个技术上合理、经济上合算、研制周期短、能协调运转的实际系统,并使这个系统成为它所从属的更大系统的有效组成部分。总之,问题是怎样在最短时间内,以最少的人力、物力和投资,最有效地利用科学技术最新成就,来完成一项大型的科研、建设任务。

这样复杂的总体协调任务不可能靠一个人来完成,因为他不可能精通整个系统所涉及的全部专业知识,他也不可能有足够的时间来完成数量惊人的技术协调工作。这就要求以一种组织、一个集体来代替先前的单个指挥者,对这种大规模社会劳动进行协调指挥。在我国国防尖端技术科研部门建立的这种组织就是"总体设计部"(或称"总体设计所")。

总体设计部由熟悉系统各方面专业知识的技术人员组成,并由知识面比较宽的专家负责领导。总体设计部设计的是系统的"总体",是系统的"总体方案",是实现整个系统的"技术途径"。总体设计部一般不承担具体部件的设计,却是整个系统研制工作中必不可少的技术抓总单位。总体设计部把系统作为它所从属的更大系统的组成部分进行研制,对它的所有技术要求都首先从实现这个更大系统技术协调的观点来考虑;总体设计部把系统作为若干分系统有机结合成的整体来设计,对每个分系统的技术要求都首先从实现整个系统技术协调的观点来考虑;总体设计对科研过程中分系统与分系统之间的矛盾、分系统与系统之间的矛盾,都首先从总体协调的需要来选择解决方案,然后留给分系统研制单位或总体设计部自身去实施。总体设计部的实践,就是系统工程的落实。我国国防尖端技术的实践,已经证明了这一方法的科学性[①]。

2.3.4 综合集成研讨厅

现代信息技术的发展,为系统工程提供了一个有力的思路和平台体系——综合集成研讨厅。

综合集成研讨厅是钱学森从定性到定量综合集成思想方法通向实践的结晶。综合集成研讨厅是一种机制、一个环境平台、一套方法技术工具。综合集成研讨厅的体系结构可谓多种多

---

① 张佳南. 军事科学体系[M]. 北京:海潮出版社,2010年6月:656-657

样。一个典型的研讨厅结构如图 2.17 所示,它在不同应用领域需要进一步深化拓展。

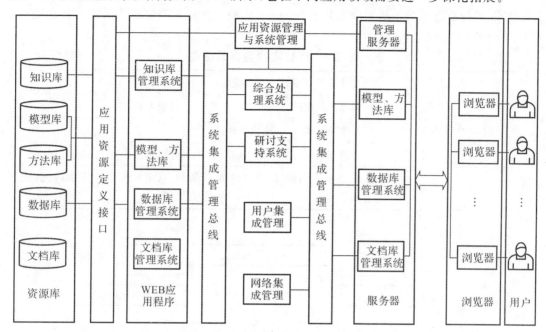

图 2.17 综合集成研讨厅的一般结构①

综合集成研讨厅一般是分布式网络结构,能够把各种分析方法、工具、模型、经验、知识、案例等进行综合集成,并通过各种个人终端,以多种方式方法(比如电子邮件、讨论板、专用 APP 等),将各类"人"(用户、专家)有机接入进来,使得用户可以带着问题寻求帮助和解决之道,专家可以把自己积累的大量的结构化、非结构化知识经验用于实际问题的帮助解决。"人在回路中","人机一体,各取所长",从定性向定量的综合集成,实现复杂问题的最优或者满意解决。

2.3.5 作战实验室

作战实验室作为研究战争、设计战争的重要手段和工具,已经成为预演未来战争的"实验场"、新型作战力量形成的"孵化器"、战斗力提升的"倍增器"。作战实验室是开展作战实验的平台和依托,也是践行军事系统工程的一个有力的方法技术途径②。

美军凭借其强大的信息技术,在作战实验室的发展建设和运用上都走在世界前列。1992 年美军率先提出"作战实验室计划",先后成立了战斗实验室、陆军实验室、空军实验室、海军实验室、海军陆战队实验室和联合作战实验室,确立了"提出概念—形成理论—作战实验—实兵演练—实战检验—理论完善"的军队发展途径。美军作战实验室可以用于实验武器装备、酝酿和检验军事转型、作战理论检验、作战样式实验、实战性模拟训练、作战方案预推、指挥控制能力评估和参与空间作战演习等。继美国之后,英、俄、日、法、瑞典、以色列等发达国家也积极发展作战实验。我军从 20 世纪 90 年代末开始,着手进行一系列作战实验研究与基础设施建设,

---

① 赵晓哲.军事系统研究的综合集成方法[J].系统工程理论与实践,2004 年第 10 期
② 瞿勤.未来战争的"实验场"——作战实验室综述[J].空军靶场试验与训练,2011 年第 1 期

依托军队院校和科研机构,经过数十年的努力,建起了既可用于战术、技术性能验证实验,也能进行战略、战役级推演的作战实验室体系[①]。一个典型的作战实验室的体系结构和功能组成如表2.4和图2.18所示。

表2.4 作战实验室体系结构

应用层	作战实验应用,包括发现、假设检验和演示实验等
应用组件层	数据采集组件、仿真组件、管理组件、评价组件等
模型层	军事领域模型、实验模型软件
核心服务层	作战实验时空管理、对象管理、通信调度、消息管理
基础资源层	武器装备、传感器、通信网络、计算机、系统软件、信息资源、数据存储等

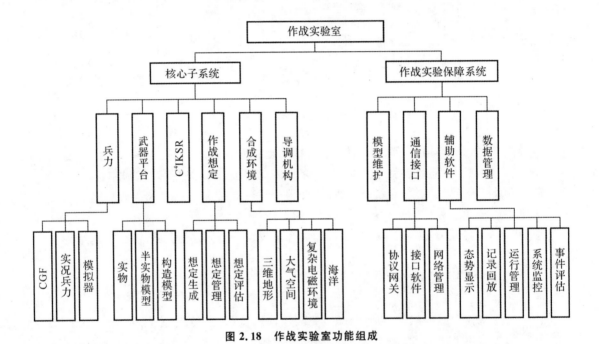

图2.18 作战实验室功能组成

2.3.6 系统工程管理

1. 系统工程管理要素

系统工程必须与管理流程结合,才能进入最终的落实。系统工程管理主要内容有:工程专业综合、技术状态管理、进度管理、试验与评价、质量管理、经费管理、人力资源管理、物资保障管理、沟通与信息管理、软件工程管理、风险管理、可靠性安全性管理、集成管理、制造与生产性管理、综合后勤保障管理等。

[①] 刘立娜,冯书兴,王鹏.浅析美军作战实验室发展及其实验运用[J].国防大学学报,2012年6期

2. 系统工程管理案例——神舟飞船系统工程管理

神舟飞船系统工程管理(见图 2.19)主要包括:技术状态管理、进度管理、人力资源管理、质量管理、经费管理、物资管理、软件工程管理、沟通与通信、风险管理、可靠性管理、集成管理等。

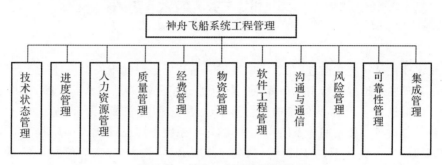

图 2.19 神舟飞船系统工程管理

第3章 军事系统工程的理论基础与方法技术

科学技术往往是螺旋式前进，在继承中发展。系统思想源远流长而相对稳定，但是系统工程技术和工具却发展迅猛。特别是计算机、网络、数据工程等信息技术的发展，使得系统工程如虎添翼。以信息技术、产品为纽带的综合集成也成为当代系统工程重要特征之一。

参照钱学森对科学技术的体系结构的描述，军事系统工程也可以划分为四个基本层次：哲学思想、基础理论、方法技术、应用工程；从简单向复杂、定性向定量、低层向高层的抽象过程看，包括三个环节：物理、事理、人理。

军事系统工程有五个支撑领域：系统科学理论、系统工程理论、管理科学、信息科学、军事科学特别是军事运筹学。

由于系统工程的交叉与拿来主义特性，系统工程的理论基础与方法技术没有明确的边缘。只要可以为我所用，就是系统工程的理论、技术、方法。而且，各类方法技术往往参差交错。运用之妙，自然不是一日之功。高层次的人才团队是系统工程理论方法技术应用的关键。

3.1 军事系统工程的理论基础

军事系统工程具有非常广泛的理论基础，主要包括系统理论、作战理论、军事装备学、军事运筹学、军队指挥学、管理科学、军队政工与军事心理学等理论。

3.1.1 系统理论

系统思想源远流长，系统理论博大精深。系统哲学与自然辩证法一脉相通（牛顿的数学物理学巨著即名为《自然哲学的数学原理》）。系统理论根深叶茂，仍然在不断生根发芽。系统理论自然也成为军事系统工程的基础。以下列举一些系统理论的重要成果，但是并不是系统理论的全部。

1. "老三论"：一般系统论、控制论、信息论

一般系统论：系统的一般理论，所研究的就是系统的一般特性，是由美籍奥地利理论生物学家冯·贝塔朗菲创立。贝塔朗菲非常肯定马克思和恩格斯对于系统理论的光辉作用，他明确指出："虽然起源有所不同，一般系统论的原理与辩证唯物主义的类同是显而易见的。"

控制论：由美国科学家维纳创立，是研究控制系统的控制和调节的一般规律的科学，是自动控制、电子技术、无线电通信、生物学、数理逻辑、统计力学等学科相互渗透的一门综合性学科。被誉为20世纪40年代末继相对论、量子力学后，现代科学所取得的重大成就之一。

信息论：信息论是1948年美国数学家申农（也译为香农）创立的一门新兴科学，通常有狭义信息论和广义信息论之分。狭义信息论是一门应用数理统计方法研究信息处理与传递的应用科学;广义信息论是狭义信息论的发展,凡是运用狭义信息理论去研究各种系统问题,都称为广义信息论。在我国广义信息论一般就称为信息论。

2. "新三论":耗散结构理论、协同学、突变论[①]

耗散结构理论:由比利时科学家普利高津创立,主要阐述复杂大系统在与外界或者环境信息能量等交互中,系统结构和状态变化的规律。

协同学:由德国物理学家哈肯创建,主要研究由性质完全不同的大量子系统(光子、电子、分子、细胞、生物、种群、人、工程系统、社会系统等)以复杂的方式相互作用(特别是非线性作用产生的相干效应和协调现象)所构成的种种复杂系统的形态衍变普适规律。

突变论:20世纪70年代法国数学家雷内·托姆(Rene Thom)创立的一门研究系统突变现象的新兴数学,它根据一个系统的势函数把它的临界点分类,研究各临界点附近非连续变化之特征,从而归纳出若干个初等突变模型。

3. "新新三论":混沌、超循环、生命系统

"新三论"与"新新三论"又合称为"新六论"。

混沌理论(美国科学家洛伦兹、费根鲍姆等创立):混沌是指在某些确定性非线性系统中,由于其内部的非线性相互作用而产生的类似随机的现象。但迄今混沌还没有一个公认的普遍适用的数学定义。物理学家认为,混沌学的创立是自相对论和量子力学问世以来对人类知识体系的又一次巨大冲击,是物理学的第三次革命。混沌现象最早是在1963年由美国气象学家洛伦兹发现的,这个发现打破了拉普拉斯的决定论的经典理论。

超循环理论(德国科学家艾根创立):1960年Ross Ashby提出超稳定性,描述在达到平衡之前系统对环境的逐级适应。以后,艾根提出超循环论,这是依靠其自身内部因素进行自我调节、自我组织,而形成的一种有序机制。它是一种复杂系统产生组织结构,并不断演化的重要理论和方法,是一种大循环中包含小循环的定量化的理论。

生命系统理论(美国科学家米勒创立):是米勒在生物学的基础上,经过多年的研究,通过对信息论、控制论、系统论及社会学理论等学科的基本观点和概念进行高度概括、综合和拓展,于1974年正式提出的跨学科综合理论。生命系统理论论证了凡是有生命存在的地方可分为复杂度递增的八个层次:细胞-器官-有机体-群体-组织-社团-社会-超国家系统。高层生命系统由低层生命系统组成。生命系统的每个较高层次都是较低层次的发展而不是简单的归纳。生命系统理论抽象出的20个关键子系统对任何层次的生命系统都适用。它们之间是全息对应的关系[②]。

4. 自组织理论

自组织理论是一大类系统理论的综合。主要包括:新三论(耗散结构论、协同学、突变论)和新新三论(混沌、生命系统、超循环理论)、分形理论等。但是自组织理论的范畴更大,渊源更为深远。自组织理论都是针对非线性的复杂系统或非线性的自组织形成过程进行研究,为人类理解自然与社会现象提供了有效的理论。

[①] 张一方.协同学、耗散结构理论和超循环论[J].枣庄学院学报,2015年第5期
[②] 熊斌,钱碧波,谭建荣.敏捷制造企业的生命系统理论研究[J].系统工程理论与实践,2002年第5期

5. 复杂适应系统(CAS,Complex Adaptive System)理论

CAS理论是1994年由美国计算机科学家霍兰(Holland)提出的。他指出:"适应性造就复杂性。"但是,"复杂来源于简单"。霍兰总结了复杂适应系统的7个基本特征,包括4个特性(聚集、非线性、流、多样性)和3个机制(标识、内部模型、积木)。这7个基本特征是复杂适应系统的充要条件,每个复杂适应系统都具备这7个基本特征,具备这7个基本特征的系统也必然是复杂适应系统。复杂适应系统理论作为复杂性科学的重要分支,是复杂系统理论的升华和结晶,在经济系统、生态系统和社会系统等领域都获得了广泛的运用[1]。

6. 大系统理论

大系统理论是关于大系统的分析、控制与设计的理论。大系统是指规模庞大、结构复杂、目标多样、影响因素众多,且常带有随机性的系统。大系统包含许多个起特定条件作用而相互依存的组成部分,同时为一组相互关联的目标和约束所支配。大系统理论包括大系统的建模、模型简化、结构特性分析、递阶控制、分散控制等内容,还在不断发展增加新的内容。

3.1.2 战争复杂系统理论

战争复杂系统理论就是站在复杂系统的角度研究战争的理论。其基本思想是立足复杂系统的整体涌现性、不确定性、非线性、混沌性、交互反馈性等,避免简单还原论,运用系统方法论,通过复杂系统建模分析方法、兵棋(人机结合)推演方法、探索性仿真分析方法、基于智能体的建模仿真方法等研究战争、模拟战争,并拓展到社会系统仿真,迈向战争设计工程。我国国防大学胡晓峰学术团队十几年来一直探索战争复杂系统理论及其建模仿真实验[2][3][4]。截至2017年初,已经每两年一次,共召开了6届战争复杂系统学术会议。

3.1.3 管理科学理论

管理的主要职能是组织、计划、控制、激励、创新。管理科学的发展经历了古典管理理论、现代管理理论等阶段,涌现出了多个管理学理论学派。管理科学理论既是系统工程的基础,又是与系统工程血肉不分的兄弟[5]。

3.1.4 军事理论

军事理论是军事系统发展建设和运用的指导,包括:军事思想、战略、作战、国防建设、政工、装备、后勤、环境等多个领域。

军事理论随着科学技术和政治制度的发展而发展,大致经历了体能冷兵器时代、机械能热

---

[1] 孙小涛,徐建刚.基于复杂适应系统理论的城市规划[J].生态学报,2016,36(2):463-471
[2] 胡晓峰,等.战争复杂系统建模与仿真[M].北京:国防大学出版社,2005年6月:34
[3] 胡晓峰,等.战争复杂系统仿真分析与实验[M].北京:国防大学出版社,2008年6月:53
[4] 胡晓峰.战争工程论[M].北京:国防大学出版社,2013年1月:253
[5] 张建伟,魏祥迁.管理学[M].北京:南海出版公司,2001年6月

兵器时代、核能威慑时代。当前正处于信息时代，突出特点是信息化作战和网络中心战等①。

3.1.5 军事运筹学

运筹学及军事运筹学是系统工程及军事系统工程中量化优化的主要方法技术。

运筹学（Operations Research 或 Operational Research）源于军事（就是作战研究），是 20 世纪 30 年代末 40 年代初产生和发展起的一门新兴的应用性学科，是使用数学工具使系统结构与功能达到最优化的一门技术科学，是对系统进行定量分析和优化的数学工具。运筹学主要内容如图 3.1 所示。

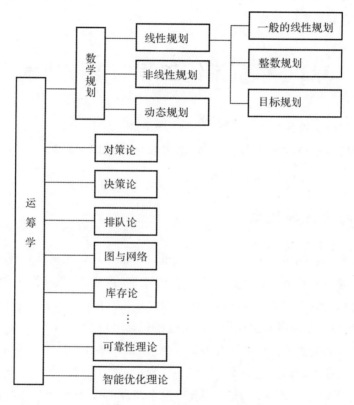

图 3.1 运筹学的主要内容

有必要强调：由于现代信息技术、软件技术的发展，智能优化和智能算法获得了快速发展。比如神经网络、遗传（基因）算法、蚁群算法、模拟退火算法，粗糙集、区间数等新的数学基础也引入到运筹学方法中。

军事运筹学是应用数学和计算机等科学技术方法研究各类军事活动，为决策优化提供理论好方法的一门军事科学②。军事运筹学研究领域几乎覆盖了所有军事系统及其要素、军事过程及其环节。在运筹学基础上，军事运筹学还包括：武器系统分析理论、搜索论、格斗理论、

---

① 张佳南. 军事科学体系[M]. 北京：海潮出版社，2010 年 6 月：80
② 张最良，等. 军事运筹学[M]. 北京：军事科学出版社，1993 年 5 月：9

火力运用与射击理论、效能评估理论、任务规划理论、辅助决策与决策支持理论及运用、作战模拟、作战实验、战争模拟、军事战略运筹、保障运筹、装备运筹、军事教育训练等理论与应用分支①。

3.1.6 军队政工与军事心理学理论

系统工程与人不可分割。战争系统的每一个层次都离不开人的分析判断与指挥控制，这也是构成战争系统复杂性的一个非常重要的基础因素。只要可能，人的心理因素应该尽可能予以考虑。心理训练本身就是军事训练的一个重要组成部分。长久地看，民心所向，最终很大程度上也可能决定着军事的胜败。

3.2 军事系统工程的支撑技术

军事系统工程的支撑技术非常广泛，主要有网络计划技术、信息技术、指挥控制技术、量化优化技术（主要是运筹学）、建模仿真技术、辅助决策与决策支持技术、体系设计技术、综合集成技术等。

3.2.1 网络计划技术

网络计划技术（Network Planning Technique，NPT）是现代化科学管理的重要技术之一。它把一个项目作为一个系统。系统由若干项作业（工序）组成，作业和作业之间存在着相互制约、相互依存、因果先后的关系。通过网络计划图的形式对作业以及作业间的相互关系加以表示，在此基础上找出整个项目的关键作业和关键路径，并以此为基础对资源进行合理的安排，达到以最短的时间和最少的资源消耗来实现整个系统的预期目标。网络计划技术是统筹法的基础。凡是发达工业国家都广泛深入运用网络计划技术。

网络计划技术 1958 年产生于美国，主要有两个起源：一是杜邦公司的"关键线路法"（简称 CPM）；另一个是美国海军部 1958 年发明的"计划评审技术"（简称 PERT）。后者使北极星导弹的研制的时间缩短了 3 年，节约了大量资金。1962 年，美国国防部规定，凡承包工程的单位都要采用计划评审技术安排计划。关键线路法和计划评审技术大同小异，都是用网络图表达评审和控制计划，故统称为网络计划技术。

NPT 产生后，每两三年就会出现一些新的模式，使 NPT 发展成为一个模式繁多的"大家族"，主要分为三大类。第一类是非肯定型网络计划，是时间或线路或两者都不确定的计划，包括：①计划评审技术（PERT）；②图示评审技术（GERT）；③随机网络计划技术（QERT）；④风险型随机网络计划技术（VERT）。第二类是肯定型网络计划技术，即图形和时间都确定，包

---

① 张最良，等. 军事运筹学[M]. 北京：军事科学出版社，1993 年 5 月：15

括：①关键线路法(CPM)；②决策关键线路法(DCPM)；③决策树型网络；等。第三类是搭接网络，包括：①前导网络计划(MPM)；②组合网络计划(HMN)；等。在我国还有流水网络计划，是将流水作业技术和网络计划技术结合在一起的一种网络计划模型。

NPT 的主要优点：一是利用 NPT 能清楚地表达各工作之间的相互依存和相互制约的关系，使人们能对复杂项目以及难度大的项目的制造与管理作出有序而可行的安排，从而产生良好的管理效果和经济效益。阿波罗登月计划就是应用此法取得成功的著名实例。二是利用网络计划图，通过计算，可以找出网络计划的关键线路和次关键线路。关键线路上的工作，花费时间长、消耗资源多，在全部工作中所占比例小，大型的网络计划只占工作总量的 5%～10%，便于人们认清重点，集中力量抓住重点，确保计划实现。避免平均使用力量、盲目派工而造成浪费。对于每项工作的机动时间做到心中有数，这样做有利于在实际工作中利用这些机动时间，合理分配资源、支援关键工作、调整工作进程、降低成本、提高管理水平。正所谓"向关键线路要时间，向非关键线路挖潜力"。三是网络计划能提供项目管理的许多信息，有利于加强管理。例如，除总工期外，它还可以提供每项工作的最早开始时间和最迟开始时间、最早完成时间和最迟完成时间、总时差和自由时差等，以及提供管理效果信息、控制提醒信息等。总之，足够的信息是管理工作得以进行的依据和支柱，网络计划的这一特点，使它成为项目管理最典型、最有用的技术方法。网络计划是应用计算机进行全过程管理的理想模型。绘图、计算、优化、调整、控制、统计与分析等管理过程都可由计算机完成。所以在信息化时代，NPT 是必然的理想的项目管理工具①。

美国国防部使用的 PPBS（规划—计划—预算系统）和 PPBE（规划—计划—预算—执行）系统也是网络计划技术应用的一个典型案例。美国国防部自 1961 年采用 PPBS 以来，历经数次改进，沿用至今。1961 年，麦克纳马拉就任美国国防部长，他将兰德公司的管理模式逐步运用到国防部，构建和运用 PPBS。PPBS 建立起了一套时限严格的工作程序，按规划、计划和预算的性质和内容，把管理工作全过程划分为若干阶段，在每一阶段不仅对工作内容、分析研究、文件编制、审批程序等有明确要求，而且以文件的形式明确规定某一阶段开始和结束的时限和具体标志，进而明确各阶段、各部门的工作要求、范围、进度、文件传递方向，并且以法规形式固定下来，使之制度化、规范化，从而减少了推诿扯皮现象，提高了工作效率，同时也减少了规划、计划与预算决策的主观随意性和自由裁量空间。据统计，麦克纳马拉任职期间(1961—1968 年)共节省国防开支约 150 亿美元。进入 21 世纪，美国国防部提出军事转型战略，同时也在寻求一种面向未来、基于能力的资源分配方法。美国防部认为 PPBS 过于刚性、反应迟钝，不太适应动态的、不确定的安全环境，不能及时有效地将战略协调融入国防计划中。因此美国防部于 2003 年 5 月宣布对 PPBS 进行重大改革。新的国防资源分配管理办法：规划—计划—预算—执行(PPBE)于 2005 财年开始实施。实际上，PPBE 并没有抛弃 PPBS 的本质内核，而是在其基础上增加了对预算执行的评审阶段，从而使得 PPBS 更加适应美国国防部战略转型需要②。

---

① 林雪峰. 网络计划技术概述[J]. 科技资讯, 2011 年第 20 期
② 李璐, 许光建. PPBS 在美国政府和国防部演进轨迹的比较研究[J]. 军事经济研究, 2009 年第 8 期

3.2.2 信息技术

信息技术包罗万象,广泛融入军事系统工程的方方面面,诸如计算机、网络、通信、数据库、软件工程(信息处理、管理、应用系统)、信息系统技术、虚拟现实技术、决策支持技术、人工智能、大数据、云计算等。人类的诸多活动已经根植于信息系统的平台和通道之上。

信息技术的基本内容(功能)包括:感测技术——感觉功能的延长,包括遥感和遥测等技术;通信技术——传导神经功能的延长,包括一般意义的通信技术,也可以包括跨时域传递信息的存贮技术;智能技术——思维器官功能的延长,包括计算机(软件和硬件)技术、人工智能专家系统与人工神经网络技术;控制技术——效应器官功能的延长,包括一般的调节技术和控制技术。

我国原电子工业部信息技术专家童志鹏院士将信息技术体系综述为信息的基础技术、信息作业技术、信息系统技术。信息基础技术是以材料科学技术为基础,以器官物理技术为依托的多学科、多专业的技术体系,如微电子技术、分子电子技术、光电子技术、超导电子技术等。信息作业技术是信息的获取、传输、处理与控制的全部环节所需技术,包括信息获取技术,如雷达、遥感、传感、探测、遥测、检测等技术;信息传输技术,如通讯、交换、广播、电视、邮递等技术;信息处理技术,如计算、分析、模拟、设计、贮存、文件、档案、报表等技术;信息控制技术,如显现、人机接口、遥控、自控、机器人等技术。信息系统技术是指系统工程技术。系统工程当然也包括各个组成分系统的专业技术,但有其自身整体性的理论、技术、功能与方法。各种信息技术综合形成的复杂系统,在空间上可以覆盖全国、全球,甚至可以扩展到整个太阳系和更远的宇宙空间。这就要求有信息系统技术服务支持。

按应用环节,信息技术可以细分为信息获取、传递、处理、对抗、安全以及信息系统技术等。

当前信息技术进一步向数字化、综合化、网络化、宽带化、智能化等发展[1]。地理信息系统、试验床技术、大数据、互联网、云计算、复杂系统建模仿真、智能决策、无人系统等渐次出场,并且新技术、新产品、新应用不断涌现。这些技术群体不断推动和引导军事领域的发展变革。

3.2.3 指挥控制技术

指挥控制技术也是一类庞杂的技术群集,主要涉及:指挥控制系统工程技术、态势生成技术、作战筹划与推演技术(包括人物规划技术等)、作战管理技术、决策支持技术、人工智能技术、数据(信息)融合技术、数据链技术、互操作技术、综合集成技术、人机交互技术、建模仿真技术、信息安全技术、网点空间对抗指挥控制技术、效能评估技术等。这些技术又有可能与其他领域知识技术(军队管理、军事指挥等)有密切联系。比如当前指挥控制的基础是信息系统,围绕信息系统的技术也影响指挥控制技术及指挥控制系统的构建与运用[2]。

基于联合作战,指挥控制包括联合作战态势生成、联合作战态势评估、联合作战方案生成与决策、联合作战计划制定和联合控制等阶段的指挥控制过程,涉及情报支持技术、作战态势

---

[1] 唐朝京,等.军事信息技术基础[M].北京:科学出版社,2013年1月:11
[2] 中国指挥与控制学会.2014—2015指挥与控制学科发展报告[M].北京:中国科学技术出版社,2016年3月:83

生成技术、作战计划生成与执行技术等。情报支持技术主要实现情报的获取、处理、管理和分发,为作战态势生成提供所需的态势信息。高精确度、高灵敏度、远距离、轻型化、小型化和网络化是情报支持技术的发展趋势。作战态势生成技术基于网络化的知识共享环境,综合整个战场空间的火力、情报、侦查、后勤、机动等信息,对作战双方、中立方以及战场环境等所有情况进行描述,为有效地控制和指挥、实时兵力部署、辅助决策提供直观可视的联合作战态势。综合一体化、态势感知实时化和可视化是作战态势生成技术的发展趋势。作战计划生成与执行技术是辅助联合作战各级指挥员和作战参谋评估联合作战态势、拟制联合作战方案、生成联合作战计划并控制计划执行的相关技术的总称。具体包括联合作战态势评估技术、联合作战方案生成技术、仿真推演技术、联合作战计划生成技术、兵力计划生成技术、后勤保障计划和运输计划生成技术、联合作战计划和作战命令的执行控制技术,以及起辅助作用的数据处理技术、规划技术等。多维、立体、智能、正确、可靠、快速、灵活等是作战计划生成与执行技术的重要发展方向。

3.2.4 量化优化技术

量化优化是军事运筹学的主要任务。量化优化首先是一种思想意识,其次是体制机制,最后是方法技术与实际运用。

量化就是给研究关注对象一个定量化的表述。量化的方法包括:统计法、物理逻辑方法、仿真法、解析法和专家打分法等。

优化技术是指利用数学手段,以计算机为工具,寻求解决问题最优方案的基本理论、方法和技巧,包括线性规划、非线性规划、动态规划、多目标规划、网络与图的优化、随机优化、仿真优化等内容。其中以模拟物理或生物现象而形成的现代优化技术,如人工神经网络、遗传算法、模拟退火算法、蚂蚁算法等,在很多优化问题中都得到了日益广泛的应用。

解决最优化问题的方法很多,主要如下:

(1)解析法(间接法),如数学规划方法、微分法、变分法、极大值原理等。如果欲求目标函数在约束条件下的最优值,则可以利用拉格朗日乘子法、约束变分法、罚函数法等求得。但是对于大型高度非线性问题,解析法不能令人满意。

(2)数值计算法(直接法),如黄金分割法、坐标轮换法、单纯形法等。它们利用目标函数在某一局部域的性质和已有的数据资料通过迭代程序来获得最优解。

(3)以梯度为基础的数值计算法,如最速下降法,共轭梯度法,梯度投影法,罚函数法等。这些方法以导数信息为基础,产生与此有关的信息,诸如能使目标函数值更快趋向最优值的矩阵、步长、梯度方向等,并利用这些信息寻求最优解。

(4)网络最优化方法,如关键线路法、计划协调技术等。

(5)智能优化算法,如神经网络方法、基因(遗传)算法、蚁群算法、模拟退火算法等。

量化优化方法是(军事)运筹学的主要研究和运用对象,量化优化是运筹学的灵魂。比如:二战初期英海军使用的深水炸弹爆炸深度约23 m,杀伤范围只有6 m。飞机发现一般在潜艇浮出水面时,空投深水炸弹时不易将其炸毁。后来根据运筹小组的建议:将深水炸弹的爆炸深度定在水深9 m处。小小改变,使对敌潜艇的击沉率成倍增加。再如,美空军在执行编队轰炸任务时,掌握距离瞄准的工作有时由机组的长机负责,有时由中队的长机负责,有时由每架飞机自己负责,轰炸效果时好时坏。究竟由谁掌握效果最好呢？运筹小组的分析结果显示,由机组的长机瞄准,落在瞄准点 305 m 范围以内的炸弹数是中队的长机瞄准的 2 倍多,是单机瞄准的 3 倍多。于是,美军后来在编队轰炸时均以机组的长机瞄准为准。美日中途岛海战,美海军参谋和指挥人员在准确预测分析的基础上,将舰载攻击机的出动时间提前半小时,加上编队指挥官的积极勇敢和日本海军指挥官的失算,创造和抓住了对航母编队攻击的黄金时机,取得中途岛海战以弱胜强的胜利,一举扭转了太平洋战争的战略局势。二战结束后,美国海军上将欧内斯特·约瑟夫·金在总结报告中说:"由于将科学家引入策略与反策略变化的技术分析,我们在几次关键战役中加快了反应速度,运筹学使我们赢得了胜利。"英国著名学者克拉克后来写道:"如果没有 1936 年夏到 1937 年夏发展起来的运筹学基本技术,不列颠之战就不会取胜,甚至就根本无法打。"

当然,军事领域还存在着许多难以定量的因素,诸如在研究和处理指挥员的才能、士兵的训练程度及士气等与人有关的行为特征,以及对整体效果的评价等方面,因而军事运筹学的应用也有一定的局限性。比如运筹学更多地关注某个固定静止的最优结果。但由于战争系统的复杂性,这个结果往往不是一个固定的答案,而是一个关于"某时、某地、某个问题侧面"的"解法过程"。运筹学更多关注静态问题的数学建模,而战争系统更需要研究作战行动的动态建模,尤其要充分反映人灵活的个性,充分反映人适应环境的能力,充分反映个人的微观特性与人群的宏观特性的适应演化,等等①。

3.2.5 模型化技术

建模技术是指根据研究目的把实际系统或问题抽象简化为模型的技术,亦称模型化技术。建模是一种创造性的活动,必须透过事物复杂的表面现象,抓住其根本性质,找出解决问题的途径。

模型是系统或问题的一种简化、抽象和(或)类比表示,它不再包括原系统或问题的全部属性,但能描述符合研究目的的本质属性,以易用的形式提供关于该系统或问题的知识,是帮助人们合理进行思考和解决问题的工具。客观世界中各种各样的现实系统,有些彼此之间具有同型性,同型性是利用模型来研究现实系统的理论依据。模型分类如图 3.2 所示。

科学技术从简单的结绳记事和 1+1=2,一直到美轮美奂的动画模拟(4D 影视、战争推演、航天工程等)和连篇累牍的数学公式,都可以说是模型化的结果之一。

建模是军事系统工程的难度之一。建模的主要方法有：

(1)推理法。对内部结构和特性清楚的系统,可利用已知的一些基本定律,经过分析和演绎推导出系统模型。

(2)实验法。对那些内部结构和特性不清楚或不很清楚的系统,如果允许进行实验性观测,则通过观测可按照一定的方法得到系统模型。

(3)统计法。对于那些属于"黑箱",但又不允许直接实验观测的系统,则可采用数据收集和统计归纳的方法来构造模型。

(4)混合法。综合运用以上方法。这是对复杂系统建模经常采用的方法。

---

① 卢厚清.军事运筹、军事仿真与军事科学研究方法[J].解放军理工大学学报(综合版),2007 年 8 月

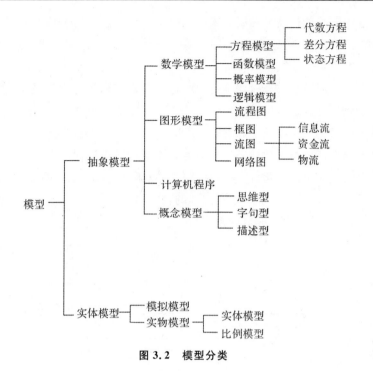

图 3.2 模型分类

从模型的运用层次上看,可以将模型分为四个层次:①军事概念模型:主要是对军事系统和过程的相对概括、规范的描述,主要形式是文字、图表(结构图、流程图、交互图)、多媒体演示等,辅助以必要的模型和数据,是现实系统的第一次抽象,建立起现实问题与技术问题的桥梁,使得技术人员可以较好地了解军事问题及其技术需求。②数学模型:是军事概念模型基础上的数学模型,以定量化模型和数据图表为核心。③软件模型:是对概念模型和数学模型的软件实现。④构件模型:是对具有相应功能软件、模块或子系统的标准化封装,便于实现软件(模块)的移植、重用与继承。这四个层次,从现实问题通向软件构件,符合当前信息系统开发的基本过程和规律。

3.2.6 模拟仿真技术

系统模拟仿真是用所建立的系统模型结合实际的或模拟的环境条件,或是用实际系统结合模拟的环境条件,进行研究、分析或实验的方法,目的是:在实际系统建成之前,获得近于实际的结果;通过模拟仿真评价系统某一部分的性能;评价系统各部分或各个分系统之间的相互影响,以及它们对整个性能的影响;比较各种设计方案,以获得最佳设计;等等。系统模拟与仿真是以相似论、系统科学、计算机科学(信息技术)、系统工程理论、概率论、数理统计和时间序列分析等多个学科理论为基础的综合性学科。因其效率高、费用低、多功能、灵活、状态可重复等优越性,模拟仿真技术广泛应用于经济、军事、科研等各个领域。

模拟与仿真源起不同。如果细加斟酌,模拟侧重于机理(比如作战模拟、战争模拟),仿真关注于表现(比如装备仿真、操作仿真)。但是现在这两个术语已经可以不加区分使用了。现代作战模拟是由传统的沙盘演习发展而来的。模拟可以理解为对所研究系统的功能、结构及行为的模仿,也可理解为在特定条件下,对客观实体的形态、工作规律或信息传递规律等的一种相似性复现。模拟是通过模型而实现的一种仿真性实验或一种近似计算技术。模拟就是模型的实验。仿真是应用模型、棋盘、计算机或其他设备来模仿一定现实系统、作业或现象的一般过程。这个术语的要点是模仿(或仿真)所关心的现实情况的过程。

系统模拟与仿真基于系统模型,如图 3.3 所示。根据系统状态的变化与时间的关系,可以将模型划分为连续性模型与离散性模型。前者是指系统状态随时间呈连续性的变化,后者是指系统状态随时间呈间断性变化,即系统状态仅在有限的时间点发生跳跃性的变化。连续性模型和离散性模型,其仿真时间都可以是连续的,也可以是离散的。硬件的仿真往往是连续系统仿真;而作战仿真基本都是离散事件系统仿真。

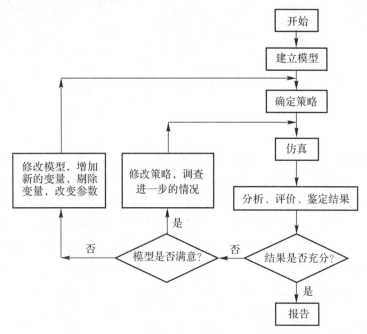

图 3.3 系统模拟仿真基本流程图

作战模拟是人们用各种方法对实际作战环境、军事行动和作战过程的描述、模仿、再现和分析研究。现代作战模拟是建立在数学模型和电子计算机基础上的作战模拟。

当前仿真关键技术涉及仿真体系结构[比如分布交互式仿真(DIS)技术,建模与仿真的高层体系结构(HLA)、面向对象及 Agent 技术]、智能仿真技术[在现代作战实验中人工智能的应用技术主要包括:专家系统、决策支持(辅助决策)、神经网络和遗传算法]、虚拟仿真技术[虚拟现实技术(VR)将是支撑这个建立在多维信息空间上的仿真系统的主要关键技术]、计算机生成兵力[计算机生成兵力(CGF)具有一定的智能行为,并且由计算机程序(算法)控制和指导其行为,能与真实的武器平台、实体和虚拟的武器平台、仿真实体和其他计算机生成的兵力实体发生交互作用,已广泛地存在于构造仿真、虚拟仿真以及混合类的仿真系统中]、多分辨率建模[针对同一系统或过程的不同层次动态改变不同分辨度的模型,提高模型或模拟的灵活性和伸缩性,且保持这些模型所描述的系统或过程特性的一致性,有效解决模拟复杂性与资源有限性等矛盾)以及综合环境仿真技术(地理信息系统、空间分析、环境生成与效果评估)等。

当然,作战模拟和仿真经常受到一些应用问题和误用的困扰,主要的潜在问题包括交流、数据、易变性、模型本身和理论。一个基本的问题是作战模拟或仿真的分析者(技术人员)与应用模拟输出的决策者(军事人员)之间的交流和了解经常中断或不足,结果,分析者可能设计出没用的模型,它能分析的问题是决策者容易分析的事情,而决策者所必须考虑的最关键因素模型却不能处理。

3.2.7 辅助决策与决策支持系统技术

辅助决策是作战指挥员分析判断情况、确定作战方针、定下作战指挥决心和制订行动计划的重要手段。通过辅助决策系统可以实现作战预测,评估作战决心预案、方案、计划,辅助指挥员选择决心预案、方案,优化各级作战方案、任务分配、火力计划,以及地形分析、作战模拟与仿真等功能。辅助决策与决策支持系统技术涉及信息系统、软件工程、决策支持技术、建模仿真技术、人工智能技术、综合集成技术、人机系统技术等多种技术。

决策支持系统是由管理信息系统(MIS)发展来的,是以计算机技术、仿真技术、网络技术和信息技术为工具和手段,以管理科学、运筹学、决策理论、控制论和行为科学为基础,辅助决策者进行半结构化和非结构化决策的人机交互信息系统。主要目的是服务于辅助决策。其具体的运作原理:利用计算机存储容量大、运算速度快等特点,应用各种决策理论和方法、行为科学、网络技术、数据库技术、人工智能技术,详细了解决策过程中的各种因素及其影响,启发思维的创造力,建立并求解各种模型来进行人机交互解决决策问题。

随着信息技术、计算机技术、网络技术、各种智能技术和管理思想理论的不断发展,辅助决策与决策支持系统正在向智能化、群体化等方面发展。近一段时间人工智能技术在棋盘上的优异表现,使得军事领域智能化技术的发展呼声更加高涨起来。这也势必会成为决策支持技术中的一个热点。

3.2.8 综合集成技术

在提出了综合集成方法论之后,钱学森等人又提出了这一方法论的应用形式,即建设"从定性到定量综合集成研讨厅"。研讨厅体系就实质而言,是以计算机为核心,综合内涵非常丰富的现代理论和技术,与专家体系一起构成的人-机大系统。"综合集成研讨厅"基本包括三个体系:知识体系、专家体系、机器体系。美军也提出了以"C^4ISR体系结构理论"为核心的综合集成理论体系,并在其信息化体系发展中发挥重要作用。

"综合集成研讨厅"的主要技术构成包括:分布网络交互作用仿真、先进的技术演示、虚拟现实技术、群体研讨方法、层次结构的系统模型体系、人工智能等。

信息技术(特别是计算机信息技术,包括人工智能、专家系统、辅助决策系统等)、建模与仿真技术及其在各个领域的迅猛发展和广泛渗透,为综合集成的打下了技术基础。

3.2.9 体系工程与体系结构技术

体系可以简单理解为系统之系统(System of Systems,SoS)。现代信息化条件下联合作战体系及其对抗是多级多类多域的复杂大系统,覆盖领域宽广、构成要素众多、内部结构复杂,必须站在体系的高度和广度予以对待。体系结构与体系工程技术已经成为描述军事需求、优化总体设计、规划信息资源,统一技术体制和标准规范,以及提高体系作战能力的重要技术支撑。

1. 体系工程技术

体系不同于一般简单系统的特性表现在:组成个体的独立性与异构性、关系复杂与演化性、边界模糊与动态性、区域的分布性、涌现行为非线性、影响的关联性、自组织与适应性等①。

体系工程是21世纪初系统科学领域兴起的一个新的方向。体系工程是一门高度综合性的管理工程技术,涉及应用数学(如最优化方法、概率论、网络理论等)、基础理论(如信息论、控制论、可靠性理论等)、系统技术(如系统模拟、通信系统等),以及经济学、管理学、社会学、心理学等各种学科②。

体系研究框架如图3.4所示。

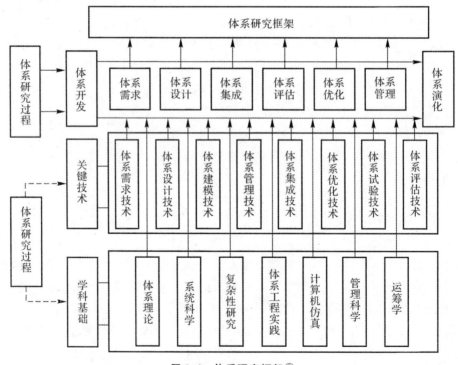

图 3.4 体系研究框架③

---

① 张维明,刘忠,等.体系工程原理与方法[M].北京:科学出版社,2010年9月:21-22
② 阳东升,等.体系工程原理与技术[M].北京:国防工业出版社,2013年3月:9
③ 赵青松,等.体系工程与体系结构建模方法与技术[M].北京:国防工业出版社,2013年8月:17

2. 体系结构技术

体系结构框架是体系结构开发和顶层架构的概念模型,是系统体系结构开发、描述和集成的统一方法,提供开发和描述体系结构的规则、指南和产品模型。体系结构方法目的是使得顶层设计能够"画出来""说清楚""看明白",是目前国内外大型复杂系统建设普遍采用的体系顶层设计方法[①]。

比如美军的 C^4ISR 体系结构框架,提供了开发和描述 C^4ISR 系统体系结构的标准方法。它定义了3个主要视图,即作战体系结构视图、系统体系结构视图和技术体系结构视图,对每个视图分别规定了一系列体系结构产品,这些视图和产品结合在一起描述了 C^4ISR 系统的体系结构。体系结构产品是指在描述某个特定 C^4ISR 系统体系结构的过程中开发的图形、文字和表格等。开发体系结构产品集是体系结构设计的主要任务。

我军主要是在理解消化美军 C^4ISR 体系结构框架的基础上进行修改完善。标志性成果是2011年颁布的《军事电子信息系统体系结构设计指南》[②]。具体内容参见图3.5~图3.7。

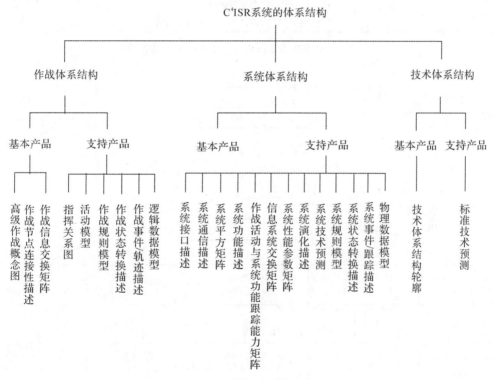

图 3.5　C^4ISR 系统的体系结构产品集[③]

---

① 国防科学技术大学信息系统与管理学院.体系结构研究[M].北京:军事科学出版社,2011年2月:前言
② 中国指挥与控制学会.2014—2015指挥与控制学科发展报告[M].北京:中国科学技术出版社,2016年3月:63
③ 王波,赵新国.C^4ISR 系统的体系结构研究[J].装备指挥技术学院学报,2001年第6期

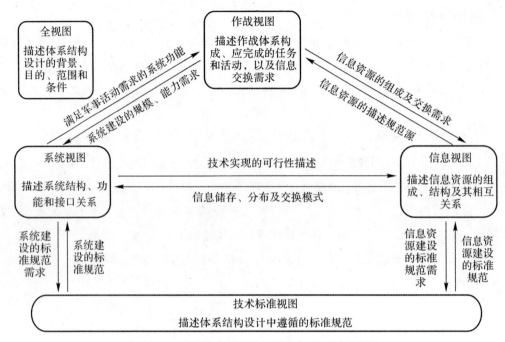

图 3.6　军事信息系统体系结构各视图间关系①

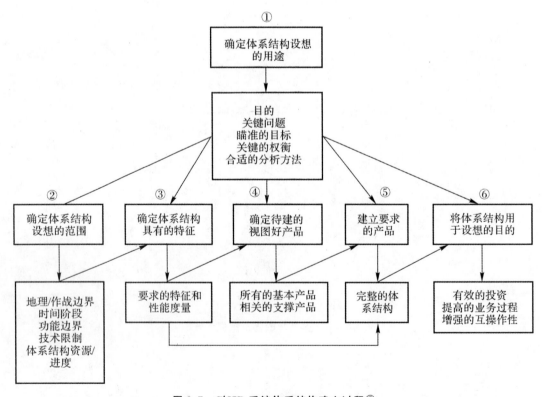

图 3.7　C⁴ISR 系统体系结构建立过程②

---

① 国防科学技术大学信息系统与管理学院.体系结构研究[M].北京:军事科学出版社,2011 年 2 月:153
② 国防科学技术大学信息系统与管理学院.体系结构研究[M].北京:军事科学出版社,2011 年 2 月:107

3.2.10 软件工程、数据工程技术与地理信息系统

1. 软件工程技术

信息化的核心是计算机(芯片),计算机的灵魂是软件。信息化装备研发运用中,应用软件的开发工作占了很大比例。软件的开发日益复杂昂贵。软件工程技术就是计算机软件开发过程中逐渐形成的一门技术。

软件工程技术源于软件开发的实践,经历了程序设计、程序系统和软件工程三个阶段的发展。随着软件生产的系列化、产品化、工程化和标准化,软件工程又成为指导软件开发实践的理论依托。

软件工程的实质就是要摆脱"小作坊"式的软件生产方式,依据系统工程原理,进行工程作业,加强软件计划、技术和质量管理,从而达到软件开发行为规范、软件测试有效和软件文档齐全,最终保证软件产品好用、安全、可靠。

软件工程技术主要包括以下四个要素:①软件工程的理论和技术,包括软件开发的过程模型、开发方法及相关技术等,为软件开发提供了如何做的技术。②软件工程的标准和开发规范。③软件工程的工具与开发环境:为软件工程方法提供了自动或半自动的软件支撑环境。④软件工程的组织与管理:保证应用软件高效的开发质量及高可靠性[1]。

2. 数据工程技术

软件是信息化的心脏和血管,数据是信息化的血液。数据工程是一项基础性的信息系统工程,它是在数据的生产和使用上对软件工程的重要补充。从应用的观点出发,数据工程是关于数据生产和数据使用的信息系统工程。数据的生产者将经过规范化处理的、语义清晰的数据提供给数据应用者使用。从生命周期的观点出发,数据工程是关于数据定义、标准化、采集、处理、运用、共享与重用、存储和容灾备份的信息系统工程,强调对数据的全寿命管理。数据工程技术正是完成数据工程建设过程中涉及的相关技术[2]。

数据工程主要包括四个方面的工作:数据标准化、数据基础设施、数据应用系统建设、数据建设。进一步内容可参见本书第6章。

3. 地理信息系统(GIS)

军事地理信息系统主要是分析自然地理环境和人文地理环境,研究其对军事行动和国防建设的影响,为制定作战计划、组织战役行动等提供所必需的地理信息资料。

军事地理信息按其记述特点分为:军事地理志,从作战角度记述和评价地理环境对军事行动影响的信息资料;兵要地志,记述和评价地区地理条件对军事行动影响的地方志;地形、地貌、地物信息,包括地形、道路及其结构、内陆水系通航河段、铁路、城市等;军事地理声像资料;多媒体形式的说明材料。

军事地理信息处理主要包括地理信息查询、量测判读、专题分析功能。地理信息查询是根据军事需要查询指定点的地理信息,如地理坐标获取、高程信息查询、地理要素查询等。量测

---

[1] 竺南直.指挥自动化系统工程[M].北京:电子工业出版社,2001年1月:90
[2] 尤增录.指挥控制系统[M].北京:解放军出版社,2010年12月:126

判读是对地理目标进行量测、分析及统计,有距离计算、面积计算、高差计算、通视分析、断面分析等。专题分析是对军事专题涉及的战区范围内的地理信息分析,如高程分析、坡度分析、通行、通视条件分析等。

3.2.11 其他

军事系统工程也是开放的。其支撑技术与对象和领域密切关联,自然包括各类工程技术,如可能涉及机械、电子、电气、土木、生物、核物理、化工。

在军事系统(体系)的某一个方面或者环节,都可以衍生出更加具体的某方面的系统工程。比如,在军事需求分析基础上形成的军事需求工程。军事需求工程是指运用有效的方法与技术,对军事系统进行需求分析,确定系统建设目标及用户需求,并用规范化文档形式描述出来,帮助系统分析设计人员理解问题并定义目标系统的所有外部特征的一项系统工程。此外还有可靠性维修性保障性工程、人机工程、军事交通工程、物流工程、基建工程等多类技术等。

最后还是要强调:由于系统工程的开放性、动态性、交叉性,系统工程的支撑技术没有人为的局限。"八仙过海各显神通""拿来主义"等是系统工程必须坚持的思想理念。决不能画地为牢、故步自封。因此,一个人能力极其有限,要有特技或者一技之长。系统工程需要形成团队。没有团队,就难以开展系统工程工作。

3.3 军事系统工程方法

军事系统工程方法是以系统思想和系统工程方法论为指导,综合运用各种技术,使复杂军事系统的组织管理、工程设计和运行控制等在总体上达到最佳处理(或者合理满意)的科学军事方法。军事系统工程方法是建立在多学科知识与技术交叉融合基础上的高度综合性方法群[①]。其外延内涵都有模糊性。尽管对于不同层次、不同领域的军事问题,具体的内容、技术有所不同,但是从系统工程方法论和方法层次看,往往大同小异。

需要指出,军事系统工程方法在实际运用中也存在不少困难,对其地位和作用应做恰如其分的估计。现代战争和军队建设等极其复杂,所涉范围之广和所涉因素、条件之多,远远超过了一般作战问题,较之以往任何时候都特殊。大量不确定性因素的量化需要进一步加以解决,军事建模的理论和方法尚待进一步完善。即使一些重大的军事系统工程问题能够建立起模型,但许多数据还难以测定,分析、运筹过程也是极为庞杂,并需要进一步发展军事信息支持技术,形成更大的、更有效的网络系统才能办到。显然,不应该把军事系统工程方法孤立起来,应该同其他科学军事方法紧密结合起来,既可以在运用中取长补短,又可以不断从其他方法中吸取营养,从而发展和完善军事系统工程方法体系。

---

① 梁必骏.军事方法学[M].新版.北京:解放军出版社,2011年1月:266

3.3.1 军事系统工程的方法框架

方法与技术常常没有明确的界线。军事系统工程方法仍然是"八仙过海各显神通"及开放"拿来主义"。从方法论角度看,分析、综合、评价是系统工程的基本方法。

1. 军事系统工程的方法框架图

基于系统寿命周期、霍尔三维结构方法论和系统工程方法的特点,一个军事系统工程方法体系框架的表述如图3.8所示(当然,系统工程方法体系框架的表述不是唯一的)。

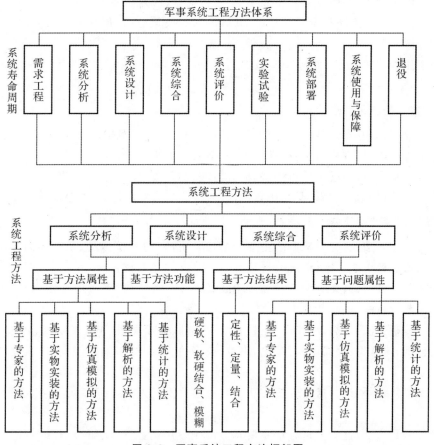

图 3.8 军事系统工程方法框架图

2. 基于方法属性的分类

(1)基于专家的方法:调研法、专家意见(打分)法、Delphi法、头脑风暴法(Brain Storming)等。

(2)基于实物实装的方法:装备实验、实装实兵演习等。

(3)基于仿真模拟的方法:连续系统仿真、离散事件仿真、兵棋推演、系统动力学仿真、蒙特卡洛仿真、分布交互仿真等。

(4)基于解析的方法:以运筹学方法为主。系统模型化、系统规划与最优化,决策对策理论方法,还包括现代系统优化理论,比如遗传算法、蚁蚁算法、粒子群算法、混沌算法等。

(5)基于统计的方法:古典概率统计理论、随机过程理论、统计学习理论(支持向量机理论、神经网络理论等)[①]。

3. 从分析方法的功能特点分类

(1)用于辅助生成备选方案的各种优化方法——"硬方法",如规划论、搜索论、对策论等、排队论、决策论、库存论、图论等,规划论又包括线性规划、非线性规划、整数规划、动态规划、随机规划、多目标规划等诸多分支。

(2)用于评估被选方案效能的作战模拟或其他军事模型方法,如计算机仿真(模拟仿真、数字仿真、实物仿真、半实物仿真等)、作战模拟、解析模型、评判模型等。

(3)用于综合专家判断与定量评估的"软方法",如决策分析、层次分析、冲突分析、风险分析、模糊综合评判等。

(4)用于组织专家判断、处理经验数据的各种方法,如Delphi法、专家评估法、综合分析法等。

4. 依据方法的结果特点分类

(1)定性分析,如专家评判法、头脑风暴法、Delphi法、主观概率法等。

(2)定量分析,如运筹分析法、指标分析法、指数分析法等。

(3)定性定量分析,如层次分析法、模糊分析法、主观概率法等。

(4)仿真分析,如模型仿真、交互仿真(有人参与仿真)、实物仿真、半实物仿真等。

5. 从研究对象的问题特点分类

(1)系统分析方法:这类分析方法主要有结构分析法、仿真模拟法、系统动力学法、系统可靠性分析法、效能分析法、灰色系统分析法等。

(2)预测分析方法:这类分析方法主要有Delphi法、类推法、趋势外推法、回归平滑法、指数平滑法、回归分析法、贝叶斯分析法、统计预测法等。

(3)运筹分析方法:这类分析方法主要有线性规划、目标规划、非线性规划、动态规划、整数规划、网络分析、排队论、存储论、对策论、决策论、多目标规划、多属性规划、随机规划、模糊规划、混合规划等方法。

(4)技术经济分析方法:这类分析方法主要有项目投资分析法、寿命周期费用评估法、价值工程分析法等。

(5)评价分析方法:这类分析方法主要有多准则效用函数法、决策分析法、层次分析法、数据包络分析法、多准则方案排序法、主成分分析法、因子分析法、聚类分析法、模糊评价分析法、灰色关联分析法、多维标度法、效能指数法等。

(6)逻辑分析方法:这类分析方法主要有比较分析法、分析综合法、归纳演绎法、展示推演法等。

(7)其他相关理论方法,如大系统理论、信息论、控制论、战略研究、计算机决策支持系统、专家系统、人工智能等。

当然,系统工程的方法有所交叉,而且还在不断发展丰富之中。

---

① 佟春生. 系统工程的理论与方法概论[M]. 北京:国防工业出版社,2005年9月

6. 系统分析的发展趋势——分析与综合集成

分析与综合是一个系统过程的两个方面和阶段。没有分析的综合缺乏深度和说服力;没有综合的分析往往不容易把握系统全貌。复杂系统必然充满了内部矛盾,系统分析的结果往往也得出彼此矛盾的结论。如何将分析结果进行有效综合,是综合集成的任务。系统分析不是简单的还原论;系统综合也不是一步到底的涌现或者集成,而是分析评价综合的反复过程。分析是综合的基础;综合是分析的目的。

3.3.2 军事系统工程方法运用

方法以方法论为纲。以广泛应用的霍尔三维结构方法论为基础,军事系统工程各个步骤阶段的主要方法如表3.1所示(每一种方法都有其优缺点,关键在于运用得当。由于方法的广泛性,表中只是部分方法的示意,并不是全部)。

表3.1 军事系统工程各个步骤阶段的主要方法

步骤	逻辑			
	系统分析	系统综合	系统评价	系统实施
提出军事问题	专家法、定性方法、定性定量相结合的方法、仿真演示方法等	专家法、定性定量相结合的方法、仿真演示方法、综合集成法等	专家法、定性定量相结合的方法、指标评分法、层次分析法法、决策分析方法	统筹法
军事需求分析	预测方法、解析方法、模拟仿真方法、统计方法等	专家法、定性定量相结合的方法、仿真演示方法、综合集成法等	专家法、定性定量相结合的方法、指标评分法、层次分析法法、决策分析方法	需求工程方法
谋划备选方案	类比方法、综合评价方法、解析方法、仿真方法、专家方法	类比方法、综合评价方法、解析方法、仿真方法、专家方法	专家法、定性定量相结合的方法、统筹法、层次分析法、决策分析方法	头脑风暴法、Delphi法、类比法、仿真法
系统分析	定性定量相结合的方法、决策分析方法、模拟仿真法	定性定量相结合的方法、决策分析方法、模拟仿真法	定性定量相结合的方法、决策分析方法、模拟仿真法	定性定量相结合的方法、决策分析方法、模拟仿真法
决策优化	解析方法、仿真方法	解析方法、仿真方法	解析方法、仿真方法	解析方法、仿真方法
系统实施	统计方法等	统计方法等	统计方法等	基于实物实装的方法

3.3.3 统筹法

20世纪60年代,我国著名数学家华罗庚把网络计划技术和甘特图等技术,以通俗易懂的方式方法引进我国工农业生产实践第一线,形成"统筹法"和"优选法"。他用图解方法把许多工程、技术改造项目的时间计划和逻辑关系简明形象化,短时间内就为广大工程技术人员,甚至工人农民所接受。工业建设、科研项目、国防工程等各个领域竞相使用统筹法,一时成为美谈。统筹法在武器装备发展、军事教育训练、综合保障、作战指挥、部队日常管理等各个军事领域、层次、环节都获得了广泛深入的运用。统筹法也成为(军事)系统工程人员必须掌握和熟练运用的方法。

1. 统筹图的制作

统筹法的理论基础是图论。应用统筹法主要是画出最优化的统筹图(还有的叫做网络图,或箭头图,或工作流程图)。统筹图主要是由工作、事件和线路构成的。基本要点是:把完成一项任务的最优方案的各个工序及各工序间的相互制约关系,每一工序需要的时间、人力、物力、资源等,清楚地表示在一张图上(这张图就是统筹图),并通过各种符号和标记,展示出完成任务全过程中的先后顺序、主要矛盾和关键工作等。这样的统筹图(见图3.9)便于指挥员或指挥机关对整个工程过程或者战斗过程的掌握、控制和协调。

统筹图的制作过程一般为:先做出原始统筹图,然后根据原始统筹图计算各种参数,并判定该统筹图是否满足上级要求或设计要求,最后对原始统筹图进行最优化,使作出的统筹图能节省人力、物力、时间和资源,或符合上级要求和设计要求。为使用方便,还必须在最优化的统筹图上标上时间比例尺和日历日期。

2. 统筹图的优化

一般说来,原始统筹图只是根据完成某项任务所需要进行的工作的先后次序及相互关系来制作的。原始统筹图往往超出了时间、资源(人力、物力)的限制,或是工艺流程不合理(如有中断现象),或是费用不是最低,等等。这时,就必须对统筹图实现最优化,用科学的方法,找出完成某项任务的最佳方案的统筹图。

对原始统筹图实现最优化,一般从时间、资源、流程和费用四个方面来进行(根据情况和要求可分别采用其中的一种或几种)。统筹图的优化主要从制约时间、资源、流程和费用关键工序入手,采用并行工作、资源调配等措施,需要对统筹图所对应的工序、流程、因果、资源等有较深入的认知。

3. 统筹法的应用

因为统筹法具有许多特点和优点,所以它在各个计划领域内得到了广泛的应用。统筹法出现以后,首先应用于军事领域。目前我军各部队、机关、院校逐步采用统筹法来计划安排工作,试用统筹法组织军事行动。国防工业部门也广泛使用统筹法安排科研、型号发展等各种工作。

第3章 军事系统工程的理论基础与方法技术

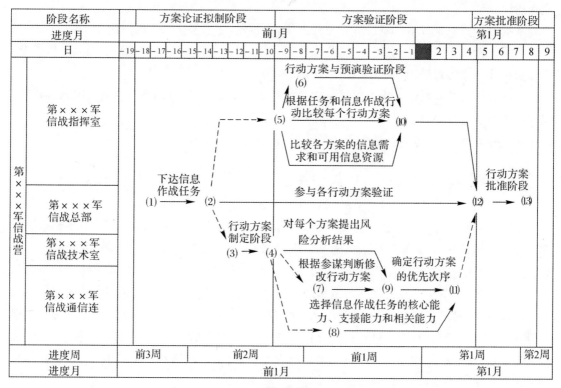

图 3.9 军事统筹图的简单样例

特别强调:统筹法不是照搬计划评审技术(PERT)、图解协调技术(GERT),而是完全可以以需求为牵引,技术艺术结合,发挥图形、表格等的综合呈现力,丰富并创新统筹图,包括灵活的标注、与其他材料的相辅相成、动态的显示控制等。当前在信息终端、人机系统、各种APP等广泛渗透的信息化条件下,统筹法和统筹图可以自如地融入人机界面之中,实现系统状态和过程的灵活管控。

3.3.4 系统分析

分析、综合、评价是研究系统工程的主要方法。系统分析(System Analysis)自美国兰德(RAND)公司于20世纪50年代初期提出以来,在各个领域内获得了广泛应用和迅猛发展。系统分析已经成为系统工程的重要思想方法和手段。在部分系统工程和系统分析早期著作中,系统分析几乎就是系统工程——此即广义的系统分析。狭义的系统分析是系统工程的重要环节。因此,系统工程的方法技术也可以运用到系统分析之中。

系统分析是进行系统研究、帮助进行有效决策的一种方法。在若干选定的目标和准则下,分析构成各项事物的许多系统的功能及相互间的关系。利用定量方法提供允许和可用的数据,借以制定可行的方案,并推断可能产生的效果,以寻求对系统整体利益最大的策略。

系统分析的基本内容有:收集与整理资料,开展环境分析;进行目的分析,明确系统目标、要求、功能,判断其合理性、可行性、经济性;剖析系统要素及其联系,进行结构分析;提供合适的解决方案集;构建模型、仿真分析和模拟试验;费用效益分析;评价、比较和系统优化;提出结论和建议。

系统分析的要素包括：①目标；②替代方案；③指标；④模型；⑤标准；⑥决策。

系统分析的步骤：①划定问题范围；②确定目标；③收集资料，提出方案；④建立分析模型；⑤分析替代方案的效果；⑥综合分析与评价。

系统分析的结果仅仅是决策者进行决策的考虑因素之一，它帮助决策者进行决策，但是不能代替决策者进行决策。

在装备发展中，装备体系论证和装备型号论证是系统分析的典型任务。

3.3.5 系统设计

系统工程在系统设计阶段的主要任务是理清系统与环境的边界及接口关系，开展系统概念设计和总体设计，在总体优化决策的基础上，划分任务模块及其接口关系，然后并行实施，最后开展综合、验证。在多个层次之间，需要系统工程方法与专业领域工程技术方法密切结合和有机互动。当前，由于计算机辅助制造系统和集成设计制造系统的发展，即使一些大规模复杂系统的设计，也已经实现信息化和无纸化。比如：对于一些简单系统，传统的研究方法是根据战术技术指标或提出的任务，进行正面设计，这种设计依据的理论多为非系统的，设计之后，进行原理样机的试制、试验，对试验进行分析，改进设计，再进行初样机的制造和试验，直到达到所要求的战术技术指标。

系统工程的方法，是根据战术技术指标或任务，进行系统分析与综合求得系统综合性能最优方案，然后根据最优方案进行设计。在设计过程中，进行必要的单项试验，取得进一步数据，修改设计，然后制造原理样机，试验，修改设计，经过初样机、正样机，设计定型与生产，以最优系统性能完成设计任务。系统工程设计方法的核心是系统分析与综合，求得最优方案，然后再开展层次化设计[①]。

系统设计包括：概念设计、总体设计（也包括初步设计）、子系统（分系统、组成部分）设计（详细设计）、试验设计、生产设计，有的项目还有专题设计、计算机辅助设计等。

1. 概念设计

概念设计主要工作有：问题确定和需求辨识，预先系统规划，可行性分析，等[②]。

2. 总体设计

总体设计在概念系统设计的基础上，开展系统总体优化决策，功能定位，系统结构的明确，子系统模块的划分及其详细的接口关系，战术技术性能指标的确认和分解，运行要求，维护和支持设计（可靠性、维修性、保障性、经济性、安全性、环保性、强壮性）。

系统总体设计是总体工作的主要任务，也是系统工程最重要的运用阶段。系统总体工作的流程如图3.10所示。

---

① 薄玉成.武器系统设计理论[M].北京:北京理工大学出版社,2010年5月:24
② 胡保生,等.系统工程原理与应用[M].北京:化学工业出版社,2005年9月:57

第3章 军事系统工程的理论基础与方法技术

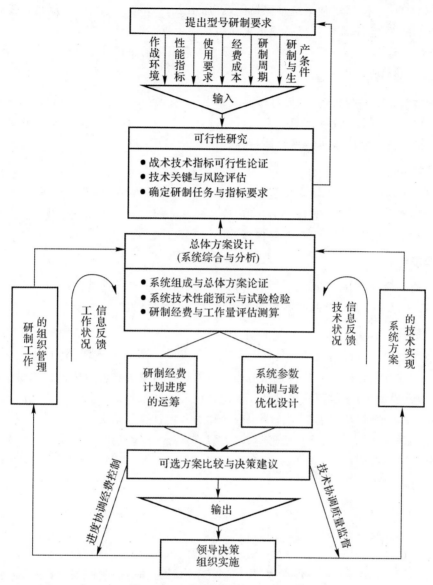

图3.10 工程型号总体工作流程[①]

3. 子系统(分系统、组成部分)设计

子系统(分系统、组成部分)设计是在总体设计的基础上,对各子系统(分系统、组成部分)的详细设计。子系统详细设计对总体设计乃至概念设计具有一定的反馈作用。一个方案是一个完整的系统,下面有若干分系统,再下面又有若干子系统,子系统行不通就得修改分系统,分系统仍行不通就得考虑修改方案。当然遇到行不通的地方往往需要创新,这时要再次进入概念设计,两个步骤交替进行,直至所有设计过程中需要确定的问题全部确定为止。存在可调节参数时,应通过优化算法寻求最优解,需要指出的是局部的最优不一定全局最优。系统设计是

[①] 陈怀瑾.防空导弹武器系统总体设计和试验[M].北京:宇航出版社,1995年12月:140

希望最优,一步到位,但是复杂系统难以最优,更加难以一步到位。反馈和反复是复杂系统设计无法回避的问题,也是系统工程必须正视和面对的矛盾。

原型系统设计和演示验证是系统工程过程中常常采用的手段和方法。

4. 试验(实验)设计

对于稍微复杂的系统,从方案设计开始直到系统设计定型的整个研制阶段,必须进行一系列的系统试验。目的是检验和评定方案是否合理,设计思想和设计方法是否正确,并最终验证系统是否达到原先预定的战术技术性能指标。

5. 生产设计

系统完成型号定型,就要转入批量生产。在设计研发过程中,要未雨绸缪,兼顾供应商选择、生产工艺、测试检验项目、监督评估环节、接口标准、兼容标准、互联互通规范、基础设施、特殊设备、生产能力、生产进度、生产资源保障等的研究设计。

6. 专题设计

对于一些系统,可能需要重点或者特殊把握一些功能目标或者系统性能。可以单列一些专题设计,如绿色设计、生存性设计、可复用性设计、风险设计等。

7. 计算机辅助设计

计算机辅助设计是帮助设计人员在计算机上完成设计模型的造型、分析、优化和输出等工作。造型是指建立设计模型。分析是指应用领域对设计对象的功能分析。优化是指评价分析结果,优化设计模型,力图得到满足设计要求的最佳设计结果。造型、分析、优化的过程往往需要多次循环。输出是指绘图输出设计结果或传输给其他计算机辅助系统进行处理。计算机辅助设计采用的技术包括:①计算机图形学;②人机交互技术;③工程数据库;④设计方法学。目前计算机辅助设计已广泛应用于电子、建筑、机械、航空、航天、汽车、造船等众多的工程领域,并取得了很好的经济效益。

8. 计算机集成设计与制造

计算机集成设计与制造是通过计算机、网络、数据库等硬、软件,将企业的产品设计、加工制造、经营管理、质量保证等方面的所有活动有效地集成的过程。计算机集成设计与制造强调企业活动中三要素(人/组织、经营管理、技术)和三流(信息流、物料流、价值流)的集成优化;强调先进的经营思想和运行模式,如精良生产、敏捷制造、3D打印、并行工程、经营过程重组。实施计算机集成设计与制造要有方法论作为指导,包括参考模型、建模方法和实施指南。计算机集成设计与制造在国内外有一些成功的应用。

3.3.6 系统综合

系统综合主要包括工程专业综合、硬件/软件综合、功能综合、运行管理综合等,包括可靠性工程、维修性工程、系统安全性、零件工程、人素工程、电磁兼容性和电磁干扰、生存性/易损性、污染和腐蚀控制等的多层次的综合。

系统综合源于系统分析,融入系统设计生产,体现在系统功能效能的获取。

系统综合不等于系统综合集成。系统综合主要目的是实现设计的目标,主要的着眼点是系统的各个工程专业、各个部件的组装、对接、联动、兼容。相对而言,系统综合集成的范畴就大多了。

3.3.7 系统评价

系统评价是优选优化的前提和动力。系统评价是性能、能力、效能的综合评价。

系统评价的基本过程及主要方法如下:

(1)明确军事问题:采用系统调查、问卷、专家评定,研讨方法,需求工程方法等。

(2)确立系统效能评价的准则:系统调查、问卷、专家评定,研讨方法。

(3)建立系统效能评价指标体系:专家法、类比法、解释结构模型法。

(4)建立指标体系中叶子节点的指标点评价信息的采集、处理、量化评价方法模型:确定性方法、随机性方法、模糊方法、区间数方法、灰色方法等。

(5)建立各级指标节点的权重获取方法模型:专家法、AHP、变权法、组合赋权、类比法等。

(6)建立指标综合:加权和法、指数和法、ADC法、AHP、模糊综合评判等。

(7)灵敏性、关联性分析模型:基于模型的方法、基于数据的方法等。

(8)数据分析:关联性分析、时间序列分析、数据挖掘、数据耕耘等。

(9)费效权衡:决策分析,风险分析。主要是确立准则,以决策者为主,系统分析人员推动。

系统评价的方法处于不断发展中,在指标的表征、效能的综合、效能的分析等方面都有新的概念、方法、模型、算法不断涌现。

第4章 军事系统体系结构

系统体系结构是系统要素及其关系的总体刻画和表述。系统体系结构对于系统的内涵外延、功能性能等都具有决定性的影响。

宏观来看,军事系统是以编制体制为纽带,人、装备、设施设备、保障资源等有机组合成的动静结合的综合体。

军事系统体系结构可以从层次、要素、环节、流程描述,结合人力、物力、财力、信息等的说明。

军事系统的层次包括:战略、联合、军种、战役、兵种、战术、装备等诸多层次。任何一个层次,可以构成系统(甚至体系)。复杂装备是系统,战术单位也是系统,战区、军种、兵种、装备系列都是系统;战斗、战术、战役、联合作战都是系统工程。

从动态角度看,军事系统又包括战备、筹备、实施、指挥控制、结束总结等基本环节。

军事系统是动静结合的。信息化时代,军事系统体系结构逐渐步入信息中心和网络中心的体系结构。

4.1 军事系统的静态结构

军事系统静态结构是历史的继承发展,世界各国的军事系统体系结构大同小异——纵然内涵和实力可能差异较大。

4.1.1 编制体制结构

编制体制的基本形式如图4.1所示。

1. 现代军队结构一般形式

为了便于发展建设和执行使命任务,世界各国通常都将军队划分为几个军种,在总体规划下,军种的功能涵盖领导指挥、任务(作战)行动、保障、人才培养,并且自然而然地从上到下划分为若干层次,这就是军队的军兵种结构、职能结构和层次结构[①]。

2. 军兵种结构

世界各国军队大都划分为陆、海、空三个军种,有些军事大国还单设战略火箭军、国土防空军、空降兵、陆战队、空天军等军种或者兵种。军种由若干兵种组成。军兵种比例、主次关系等

---

① 胡光正,等.军队组织编制学教程[M].北京:军事科学出版社,2012年4月:56-57

也是军种结构的重要内容。军兵种结构也是发展变化的[①]。

3. 职能结构

军事系统按照职能区分为指挥系统、战斗部队、作战保障系统、后勤保障系统、装备技术保障系统、院校科研系统等。

4. 层次结构

现代军队总体层次一般可以分为：总部、战区(军区)、军团、兵团、部队、分队等6个层次[②]。当然，这种层次不是严格的(有越级、双轨、多轨、矩阵式管理等)。

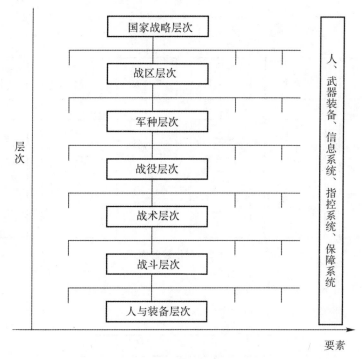

图 4.1 编制体制的基本形式

每一个层次都包括人(指战员)、信息系统、指挥控制系统、装备系统、保障系统等组成要素。

只要存在决策环节，系统的层次结构就是不可避免的。所谓扁平化，是受到技术和人、机制的多重制约的。现代军事系统编制体制的层次结构是历史发展的结果。而网络化，主要是一种技术支持和技术推动。如果没有网络和信息系统(特别是满足军事需求的辅助决策和决策支持系统)的支持，生搬硬套的扁平化可能导致现实运行中顾此失彼甚至乱作一团；如果只有网络化，忽视严格的权力等级划分，那就可能各自为战，这是军队建设和作战指挥的大忌。

---

① 胡光正，等.军队组织编制学教程[M].北京：军事科学出版社，2012年4月：61-63
② 胡光正，等.军队组织编制学教程[M].北京：军事科学出版社，2012年4月：69

4.1.2 装备结构

高科技战争越来越依赖于装备体系。在人与装备的结合中,装备的重要程度越来越突出。装备体系依托并融入编制体系之中,实现人机资源的结合。从装备体系发展建设角度看,也有其独立性。

现代装备体系的一般架构如图 4.2 所示。

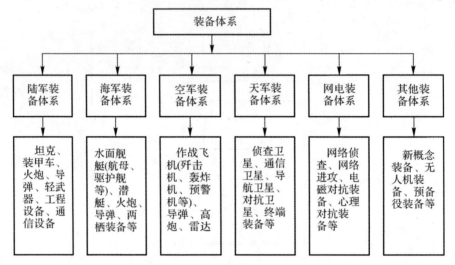

图 4.2 现代装备体系

装备体系自上而下,深入具体装备型号,每一个型号也具有层次结构,比如导弹武器系统(见图 4.3)、坦克装甲车辆武器系统(见图 4.4)等①。

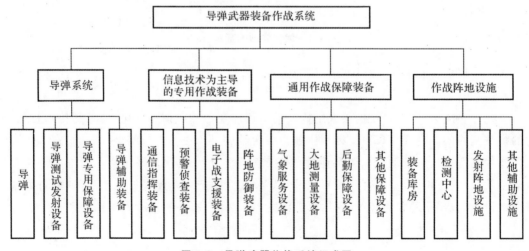

图 4.3 导弹武器作战系统组成图

---

① 薄玉成.武器系统设计理论[M].北京:北京理工大学出版社,2010 年 05 月:4-6

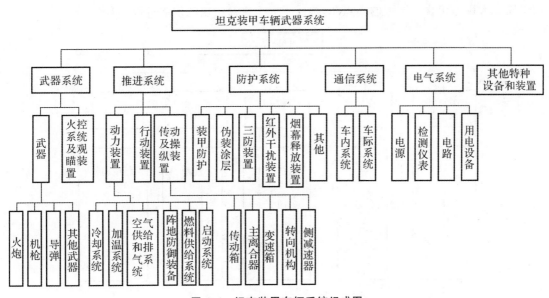

图 4.4 坦克装甲车辆系统组成图

4.1.3 国防基础结构

国防基础(见图 4.5)是为军事系统储备人才,提供武器装备及装备保障,提供通信、后勤物资保障等基础资源的统称。其中,最重要的是国防科技和工业体系。现代战争高技术装备比例日益提升,军民融合特征日益突出。高技术装备和特殊物资消耗巨大。先进的国防科技实力和强大的国防工业体系是军事系统发展不可或缺的战略基石[①]。国防基础工业不但要提供器件、装备,还要在装备保障(包括维修保障、人力资源保障等)等方面承担繁重任务。国防基础结构也在不断适应战争样式和战争动员模式的变迁。当前,军民融合成为国防基础结构的不二途径和重要特征,电子信息与网络技术、新材料、空间技术、智能制造、新能源与动力技术等已成为各国重点发展的军民两用技术,成为世界军工技术发展的必然选项。

4.2 军事系统的动态结构

系统的动态性表现在:系统结构本身具有一定的稳定性,但是又是发展变化的。系统功能是通过过程(比如发展过程、作战对抗过程)来发挥的;系统(体系)都有寿命周期;系统结构是静态和动态的统一。

4.2.1 军事系统(体系)的发展阶段

自顶向下,军事系统(体系)的发展阶段包括战略发展阶段、序列(能力)发展阶段和型号发

---

① 吴国辉.科技铸剑:国防科技和武器装备创新发展[M].北京:长征出版社,2015 年 5 月:169

展阶段。大周期包含了诸多的小周期,构成了一个嵌套层次的发展过程,如图 4.6 所示。

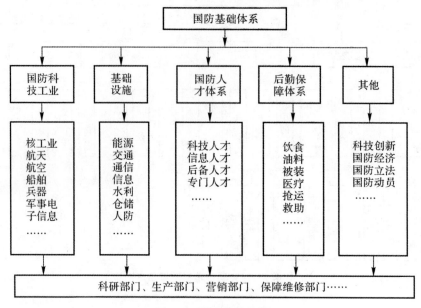

图 4.5 国防基础结构

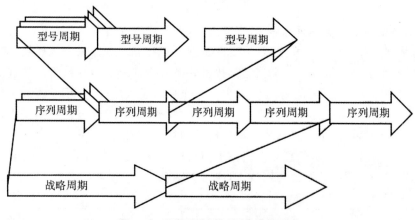

图 4.6 军事系统(体系)的发展阶段

系统寿命周期是系统动态发展的表现。军事型号的寿命周期可以参见本书第 1 章和第 5 章。

对于战争(作战)行动而言,有准备、筹划、实施、结束、恢复等逻辑阶段,也有战略阶段、战役阶段和战术战斗的时间嵌套。虽然网络中心条件下,战略、战役、战术、战斗之间的界线进一步模糊,但这种基本属性仍然没有本质的改变。

4.2.2 军事行动的阶段

军事行动的一般过程都包括:军事行动准备、行动筹划并确立规划计划、资源调配、行动实施、指挥控制、资源供给、计划调整、行动结束、状态恢复、新一轮发展规划。军事行动涉及各个层次,覆盖多种人(指挥人员、控制操作人员、保障人员)、装备、环境要素等,涉及大量的协同、协商、反馈、反复。每一个层次、要素、环节都有军事系统工程技术方法的应用。

4.2.3 军事行动的任务剖面

从根本机理来看,军事行动的任务剖面可以基于 OODA(观察、判断、决策、行动)循环解析表达,如图 4.7 所示。军事行动就是以任务牵引,信息流驱动物质能量流,在各个层面和环节中的各种资源的运动和作用及反馈控制过程。

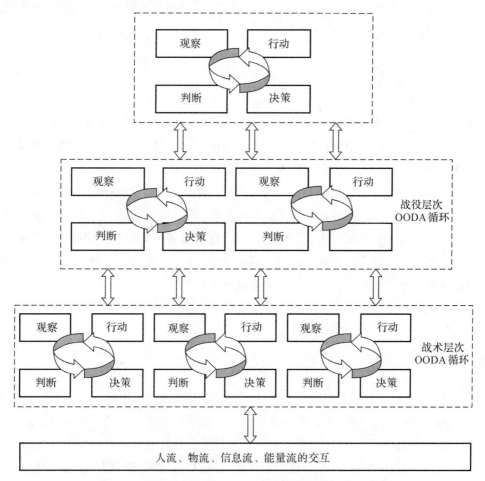

图 4.7 军事系统动态结构——基于作战指挥 OODA 循环

4.3 网络中心的军事作战系统体系结构

网络中心战就是将部队所有的侦察探测系统、通信系统、指挥控制系统和武器系统有机地组成一个网络体系,各级作战人员利用该网络体系及时了解战场态势、交流作战信息、指挥与实施作战行动的作战理念。传统的纵长横窄树状的指挥体制和军、师、旅、团、营、连的组织体制,建立在相对简单的指挥控制、指挥员的脑力和有限的信息流通手段之上,已不能适应网络中心战的要求。网络中心战条件下,一体化的互联网络可将上至国家指挥当局、下至单个士兵都连为一体,实现较高程度的信息共享和决策。这样,高级指挥员与士兵之间的指挥层次即可减少,缩短指挥流程,充分发挥横向网络的作用,形成横宽纵短、纵横一体的扁平型网络化的指挥体制。这种指挥体制对指挥控制容量、能力、效率等提出了更高要求。因此,网络中心战成为信息化时代牵引军事系统发展的强劲需求。

毫无疑问,现代战争体系及其对抗过程已经迁移到以军事信息系统为中心的动态和静态结构。无论是军事体系的平时管理,还是作战指挥,都是在信息系统的支持下,信息流驱动物质流能量流的过程。

4.3.1 静态结构

机械化时代的军事系统是基于人的系统,信息系统或者信息设备是辅助手段,离开机械化时代的信息系统,军事系统仍然可以运行,只是效率降低;现代信息化社会下,信息系统已经成为军事系统的中心,离开军事信息系统,军事系统就可能无法运转,更谈不上对抗强敌了。

现代军事系统(体系)是基于军事信息系统(包括通信系统)、军事物流系统,具备多层次(战略、战役、战术)、多元任务(陆海空天电、攻防兼备、平战结合、多样化非战争军事行动等)、涵盖信息获取、指挥控制、软硬打击、信息对抗、综合保障等各个紧密耦合的能力环节的有机联系的整体。现代军事系统作战要素之间的关联非常密切,上下有层次,左右有接口。作战体制和指挥控制流程是基本依托。信息流牵引和驱动物质能量流。

网络中心的现代军事系统的基本架构如图4.8所示。

4.3.2 动态结构

如前所述,军事行动的任务剖面可以基于OODA(观察、判断、决策、行动)循环解析表达。网络中心的军事行动也不例外,当然其方式和效率与机械化条件下已经不可同日而语了。

借鉴美军网络中心战的理论,网络中心战的目标就是通过栅格化的网络信息基础体系,将不同隶属、分布式的各种作战资源(信息获取力量、作战对抗力量、保障力量)紧密耦合起来,形成信息快速流转、功能高效衔接、方案准确决策、系统紧密铰链的一体化作战体系[1][2]。

网络中心系统的动态结构如图4.9所示。从层次和流程看,网络中心战的表达似乎简单了,但是为了支持网络中心作战的各种服务功能,特别是信息服务功能,对网络系统和指挥信息系统的功能要求大大提高,在用户操作傻瓜化的表象下,网络系统的复杂性大大增加。

---

[1] 封颖,等.面向网络中心战的网络信息体系总体构想[J].自动化指挥与计算机,2014年第3期
[2] 蓝羽石,等.网络中心化 C^4ISR 系统结构"五环"及其效能表征研究[J].系统工程与电子技术,2015年第1期

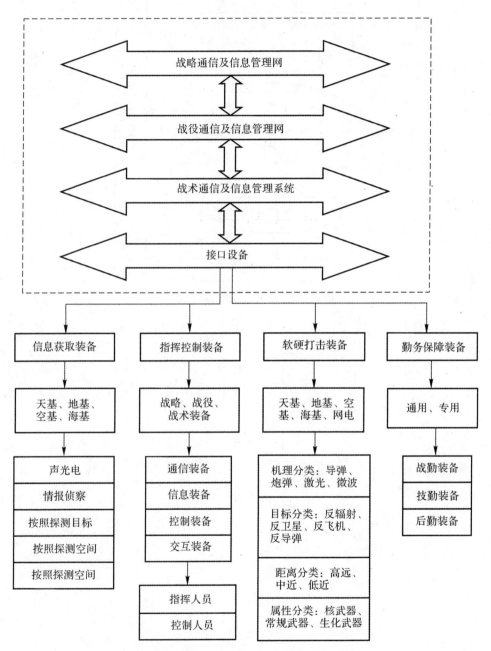

图 4.8 网络中心的现代军事系统组成结构

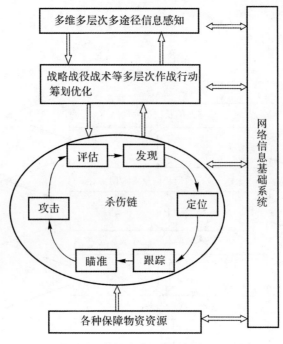

图 4.9 网络中心系统的动态结构

第 5 章　军事装备系统工程

军事装备是军事体系中除人以外的核心维度。军事装备系统工程是军事系统工程重要组成部分,也是发展最早的军事系统工程学科分支。

5.1　军事装备系统工程内容框架

5.1.1　军事装备寿命周期及其主要活动

系统寿命周期及主要活动举例如图5.1所示。

5.1.2　装备系统工程内容框架

军事装备系统工程主要包括:武器系统的综合论证、装备系统分析、装备设计与实现、装备生产、部署运用、退役、装备采办管理、规划计划预算等内容。其内容体系结构如图5.2所示。由图可见装备系统工程深入到装备寿命周期的各个阶段和各项活动。

5.2　装 备 论 证

装备论证是对装备体系一定阶段和装备型号寿命周期关键问题的预先分析研究[①]。装备论证大致可以分为发展论证、型号论证和专题论证,包括体系体制论证、方向论证、型号论证、指标论证等内容。装备论证的方法也几乎涵盖了系统工程的主要方法。

本章主要阐述装备发展论证和型号论证。

5.2.1　武器装备发展论证的一般过程

武器装备发展论证主要是对装备发展战略任务、规划、计划、发展重点、发展途径、装备体制等的论证。

武器装备发展论证的一般过程如图5.3所示。

---

① 米东,等.军事装备学基础[M].北京:解放军出版社,2015年1月:132

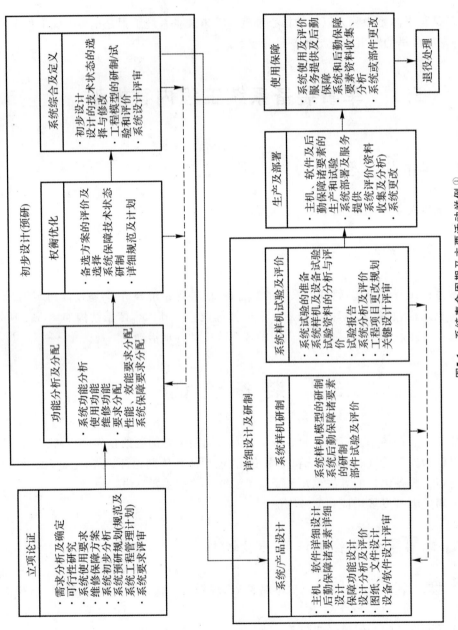

图5.1 系统寿命周期及主要活动举例[1]

---

[1] 陈学楚,等.装备系统工程[M].2版.北京:国防工业出版社,2005年5月:62

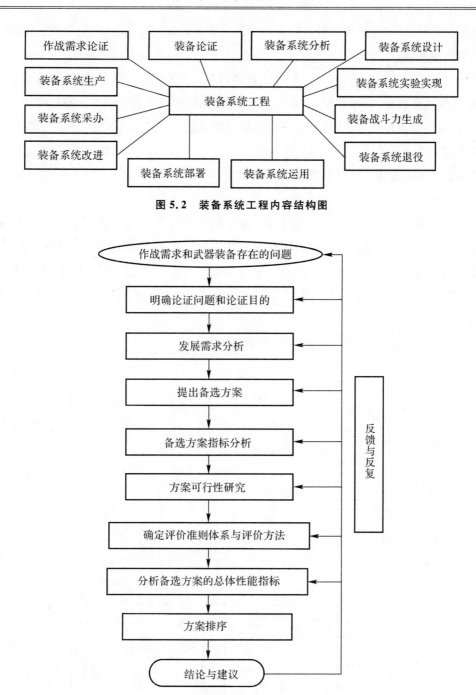

图 5.2 装备系统工程内容结构图

图 5.3 武器装备发展论证的一般过程

5.2.2 装备体制发展论证

武器装备体制,简称装备体制,是武器装备总体组织结构制式化的表现形式,也是军队决策机构通过调查研究和论证,对武器装备总体结构组织进行优化的一种制度。武器装备体制也具有层次化结构的特点,军兵种有军兵种的武器装备体制,各军兵种的武器装备体制构成全军的武器装备体制。

武器装备体制的主要内容包括:军队已列编的和拟列编的各种武器装备(系统)的名称、作战使命、主要性能指标、编配原则,以及相互间的配套、衔接和比例关系等。装备体制是装备科研立项、拟制装备建设计划、部队装备编配和配套建设的主要依据。

体系规划是顶层设计。其输入是作战需求、上级意图、高层规划、国防科技与经济实力等。

武器装备体制的建立原则是攻防结合、新老并存、系列性、配套性、整体性、主观能动性和相对稳定性等。

武器装备体制的主要内容以及这些内容在不同时期的症结,就是装备体制分析的主要对象。装备体制分析的主要任务是装备体制发展的指导思想、基本原则、发展政策和法规,以及装备发展的目标、规模和水平等,是从总体上研究未来装备系列的装备类别、品种、型号、系列,装备的编配对象、配套和替代关系,装备进入或退出装备体制的时间等。装备体制分析是一个综合动态的过程。

概括地说,武器装备体制分析的主要步骤和内容有:

(1)作战需求分析;

(2)制约因素分析;

(3)战略和总体思路分析;

(4)能力结构分析;

(5)方案设想与综合评价;

(6)装备型号分析;

(7)装备优化分析等。

装备体制发展的作战需求分析与综合的一般方法过程如图5.4所示。

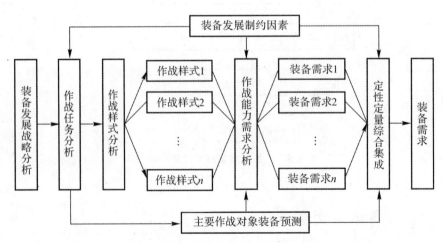

图 5.4 装备体制发展的作战需求分析与综合的一般方法过程

5.2.3 基于能力的装备需求分析

基于能力的需求分析是装备需求分析的基本模式。其基本流程如图 5.5 所示。

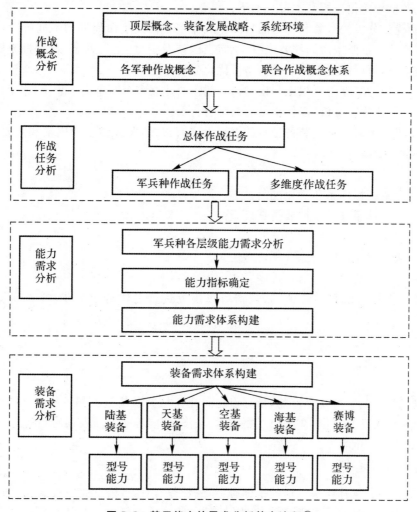

图 5.5 基于能力的需求分析基本流程[①]

5.2.4 型号论证

装备型号是装备体制系列的具体表现形式。每一种武器型号都集中体现了该类武器系统发展到某一特定阶段的性能水平、关键技术、作战使用理论、设计与生产能力。装备体制系列能力结构就是各个装备型号能力的综合与集成。一般地说,一种具体的武器型号总是只能构成装备体制系列能力结构的某些方面,只有多个型号配套才能构成较为完整的装备体制系列

---

① 张欣海,张博. 综合电子信息系统体系需求分析方法[J]. 数字军工,2012 年第 6 期

能力结构。武器装备型号论证优化就是探索各个武器型号方案及方案之间合理或最优的编配关系、替代关系、战术使用关系等内容。

装备型号论证主要是对装备型号的各种性能指标和要求的论证,以确定选择合理的型号或者方案。

武器装备型号优化分析基本过程如下:

(1) 明确优化分析的对象和优化的目的。武器型号在其生命周期的不同阶段具有不同的内涵。武器型号的主要生命周期要素有发展论证、涉及定型、生产列装、退役报废等。在不同的生命周期阶段,可以提出不同的武器型号优化分析问题。

(2) 建立合理的军事需求想定和模型。一般需要建立多个军事需求想定,基于每一种想定开展模型化和量化优化分析,以便于最后的综合权衡。

(3) 明确优化因素。影响装备型号的因素肯定有很多,要抓住主要因素和主要方面,这也是建立模型的必要条件。

(4) 确定被选方案。

(5) 建立分析指标体系和优化准则。

(6) 建立指标体系分析模型或仿真模型。

(7) 模型求解。

(8) 建立符合优化准则的综合评价方法。

(9) 对各方案进行综合评价和排序。

(10) 依据客观结果和主观评判,视情可以反复进行上述若干个步骤,直到得到满意解结束。

5.2.5 指标论证

大型复杂装备的指标是丰富的,指标点之间往往是关联甚至互相矛盾的。指标论证就是明确诸多指标的可选择范围,在综合权衡技术、经济、效能等多方面因素的基础上,确定合理的指标取值(点或者范围)。

1. 装备指标体系

一般而言,装备指标体系包括的指标有:作战任务与对象,信息能力及信息对抗能力,指控能力,火力能力,机动能力,可靠性维修性保障性,环境适应能力。具体有可以划分为多项指标。各项具体内容和指标要求随型号类型可能有很大差异,

比如,防空导弹的主要战术技术性能指标有[1]:

(1) 作战任务与对象;

(2) 典型目标和威胁环境;

(3) 作战空域;

(4) 制导精度和杀伤概率;

(5) 电子对抗能力;

(6) 作战容量及火力密度;

---

[1] 陈怀瑾.防空导弹武器系统总体设计和试验[M].北京:宇航出版社,1995年12月:152-153

(7)系统快速反应能力;
(8)发射方式;
(9)指挥、控制、通信系统功能要求;
(10)机动性和隐蔽性;
(11)可靠性、可维修性、可用性;
(12)维修体制与配套性要求;
(13)作战使用环境条件;
(14)其他作战使用要求。

作战飞机的主要指标有:
(1)作战任务与对象;
(2)典型目标和威胁环境;
(3)作战空域;
(4)发动机特性、飞行能力、机动能力;
(5)尺寸、重量、载荷、接口;
(6)人员要求;
(7)机载武器及杀伤能力;
(8)航电系统及信息能力;
(9)雷达散射截面积及隐身能力;
(10)指挥、控制、通信能力;
(11)人机环境;
(12)起降能力;
(13)可靠性、可维修性、可用性;
(14)维修体制与配套性要求;
(15)作战使用环境条件;
(16)其他作战使用要求。

2. 指标论证的过程和方法

装备指标论证的一般过程是:确定典型想定(集合),选择指标,采用多种方法分析,建立模型,寻找规律,综合,选定指标体系取值(范围)。

装备指标论证的方法与系统工程或者系统分析的方法是一致的,关键在于分析人员能力、方法选择与运用条件的适宜性。

装备指标论证的一般步骤如图 5.6 所示。

5.2.6 装备价值工程

装备价值工程是利用价值工程方法,分析解决装备论证、研制、生产和使用所遇到的功能与费用相协调的实际问题。

价值工程是运用技术经济分析方法,进行装备产品(作业)功能成本分析的有组织的活动。价值工程的目的是以最低的总成本(总费用)可靠地实现装备或作业的必要功能,提高装备或作业价值。

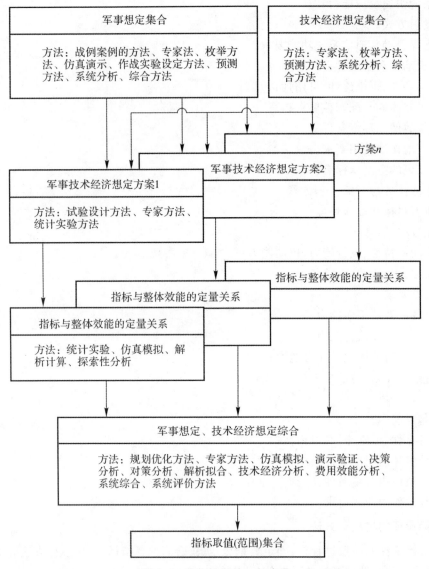

图 5.6 指标论证的一般步骤

价值工程定义的总成本是指一个产品从开发、设计、制造，到使用整个周期的成本，也称其为寿命周期成本。寿命周期成本的估算可以采用费用分解结构的方法。

装备寿命周期成本 C 是设计生产产品所需的费用和使用费用之和，即生产成本 C_v 和使用成本 C_u 之和：$C = C_v + C_u$。

从图 5.7 中可看出，生产成本 C_v 和使用成本 C_u 之和必然存在一个极小点（图中 B 点）。

如果站在系统总体角度，功能就与效能基本一致，成本就是装备型号的生命周期费用。

图 5.7 的曲线具有一定的普遍意义。由于武器装备各个指标之间的相互制约或者此消彼长的矛盾，任何一项指标，太低没有意义，太高可能引起其他指标的降低，两者都导致装备（产品）整体效益的降低。如何在技术能力、研制生产部署使用成本、指标要求、体系需求之间寻找到合理（甚至最优）的平衡，是装备发展论证的焦点和难点。

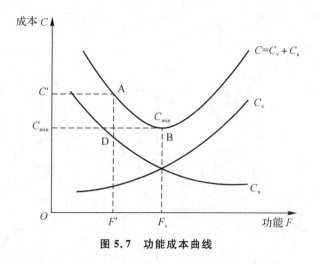

图 5.7 功能成本曲线

5.3 装备可靠性、维修性、保障性分析

可靠性、维修性、保障性（RMS，Reliability，Maintainability，Supportability）是装备系统工程的重要方面。可靠性、维修性、保障性工作贯穿、渗透装备的全寿命周期，也是影响复杂武器系统寿命周期费用的重要因素。

为使研制出来的装备确实达到"顶用、耐用、适用"的要求，在研制阶段应特别强调加强可靠性、维修性和保障性工作。"装备的先进性要服从于可靠性、维修性和保障性"，这是装备研制中必须坚决贯彻执行的原则。可靠性管理是质量管理的核心之一。

可靠性、维修性、保障性三者密切关联，在武器系统战术功能性、可靠性、维修性、保障性等之间需要进行平衡设计。

5.3.1 装备可靠性、维修性、保障性分析的基本工作结构

图 5.8 是装备寿命周期中可靠性、维修性、保障性分析的基本工作结构图。

5.3.2 装备可靠性分析

可靠性（Reliability）一般是指系统在规定条件下和规定的时间内完成规定功能的能力。

可靠性理论广泛深入装备寿命周期，并与维修理论相辅相成，形成以可靠性为中心的现代维修理论。

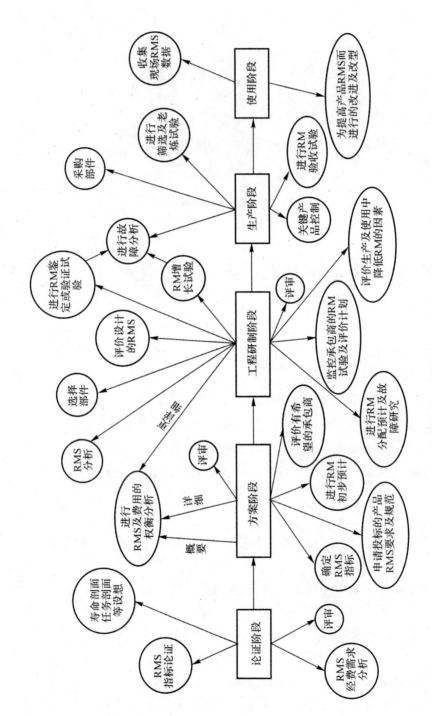

图 5.8 装备寿命周期可靠性维修保障性工作图

1. 可靠性要素

装备通常是由使用装备的人,各个分系统及元器件、零部件和软件组成的,是完成一定功能的综合体或系统。显然,系统各个组成元素(单元)的可靠性对整体以及系统的可靠性是有影响的。因此,在讨论可靠性时,要从系统的角度研究各组成部分与系统的关系,建立系统可靠性与各个组成元素(单元)可靠性的关系。即找出各种类型系统可靠性与单元可靠性关系,用不同形式表现出来,也即建立系统可靠性的模型(比如串联模型、并联模型、表决模型等),以便进行可靠性分配、预计以及相应的可靠性设计、评定。可靠性要素结构如图5.9所示。在分析使用维修及储存问题中,也同样要研究系统的可靠性。

装备可靠性取决于设计性能、环境、任务模式、工艺实现、使用要求等。

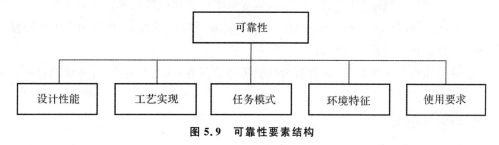

图 5.9 可靠性要素结构

2. 常用可靠性参数

可靠性参数应根据装备的类型、使用要求、验证方法选择。

(1) 可靠度 $R(t)$:能够完成规定任务的概率。

(2) 故障率 $\lambda(t)$:单位时间内发生故障的次数。

(3) 平均寿命 θ:产品寿命的平均值或数学期望。平均寿命表明产品平均能工作多长时间。

如果产品的故障密度函数为 $f(t)$,则该产品的寿命 T(随机变量)的数学期望为

$$\theta = E(T) = \int_0^\infty t f(t) \mathrm{d}t$$

对于可修复产品,平均寿命又称为平均故障间隔时间(Mean Time Between Failure, MTBF);对于不可修复产品,平均寿命又称为平均故障前时间(Mean Time To Failure, MTTF)。

若产品的故障密度函数为 $f(t) = \lambda e^{-\lambda t} (\lambda > 0, t > 0)$,则 $\theta = \int_0^\infty t \lambda e^{-\lambda t} \mathrm{d}t = \frac{1}{\lambda}$。即故障率为常数时,平均寿命与故障率互为倒数。

很多装备常用平均核心性能寿命作为可靠性指标,如车辆的平均故障间隔里程,雷达、指挥仪及各种电子设备的平均故障间隔时间,枪、炮的平均故障间隔发数等。

(4) 可靠寿命 t_r(Reliable Life)。设产品的可靠度函数为 $R(t)$,使可靠度等于给定值 r 的时间 t_r,称为可靠寿命。其中 r 称为可靠水平,满足 $R(t_r) = r$。当可靠水平 $r = 0.5$ 的可靠寿命 $t_{0.5}$ 称为中位寿命;可靠水平 $r = e^{-1}$ 的可靠寿命 $t_{e^{-1}}$ 称为特征寿命。从定义可看出,产品工作到可

靠寿命 t_r，大约有 $100(1-r)\%$ 产品已经失效；产品工作到中位寿命 $t_{0.5}$，大约有一半产品失效；产品工作到特征寿命时，大约有 63.2% 产品失效（在指数寿命分布下）。

(5) 使用寿命 (Useful Life)。使用寿命是指产品从制造完成到出现不修复的故障或不能接受的故障率时的寿命单位数。对有损耗期的产品，其使用寿命为偶然故障期。

(6) 平均拆卸间隔时间 (Mean Time Between Removals, MTBR)。在规定的时间内，系统寿命单位总数与从该系统上拆下的产品总次数之比称为平均拆卸间隔时间，包括为了方便其他维修活动或改进产品而进行的拆卸。它是与供应保障要求有关的系统可靠性参数。

(7) 平均故障间隔时间 (Mean Time Between Failure, MTBF)。这个参数主要用于可修产品。对于不同的武器装备可采用不同的寿命单位表达。如坦克、车辆等可采用平均故障间隔里程；飞机可采用平均故障间隔飞行小时；火炮等可采用平均故障间隔发数。

(8) 翻修间隔期限 (Time Between Overhauls)。在规定的条件下，产品两次相继翻修间的工作时间、循环数和（或）日历持续时间。

此外，除上述可靠性参数外，还有致命性故障间的任务时间、总寿命、任务成功概率及成功率等可靠性参数。

3. 可靠性分析流程

可靠性分析流程如图 5.10 所示。

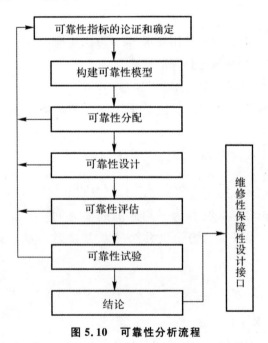

图 5.10　可靠性分析流程

4. 可靠性分析技术

可靠性分析技术包括如图 5.11 所示的方面。

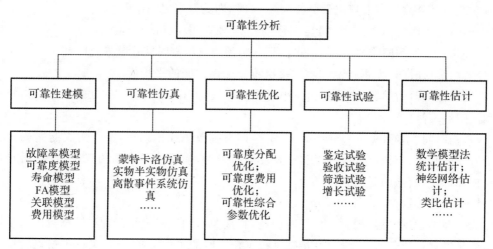

图 5.11 可靠性分析技术

5.3.3 装备维修性分析

维修性分析其概念定义、数学模型类似于可靠性分析。现代维修分析仍然服务于武器系统设计,并贯穿于装备寿命周期。当前的主要维修思想是以可靠性为中心的维修(Reliability Central Maintenance,RCM),包括免修设计、视情维修等。

维修性是装备的一种质量特性。维修性是产品在规定条件下规定的时间内,按规定的程序和方法维修时,保持或恢复其规定状态的能力。

1. 维修性参数

维修性参数是度量维修性的尺度。维修性参数反映对产品的使用需求,直接与装备的战备完好、任务成功、维修人力及保障资源有关,体现在对装备的维护、预防性维修、修复性维修和战场损伤修复诸方面。不同的产品可以选用不同的参数指标,选用的指标既要能反映产品的维修性状况,又要能便于分配、预计、试验、评估等。其中,常用的参数有维修延续时间参数、维修工时参数、维修费用参数及测试性参数等。

1) 维修延续时间参数

缩短维修延续时间,是装备维修性中最主要的目标,即维修迅速性的表征。它直接影响装备的可用性、战备完好性,与维修保障费用有关。由于装备的功能、使用条件不同,可选用不同的延续时间参数。

(1) 平均修复时间 $\overline{M}_{ct}$ (Mean Time To Repair,MTTR),即排除故障所需实际修复时间的平均值。

(2) 恢复功能的任务时间(Mission Time To Restore Function,MTTRF),即排除致命性故障所需要实际时间的平均值。

(3) 最大修复时间 M_{maxct},是装备达到规定维修度所需的修复时间,也即预期完成全部修复工作的某个规定百分数(通常为 95% 或 90%)所需的时间。亦可记为 $M_{max}(0.95)$,括号中数字即规定的百分数。当取规定百分数为50%时,即为修复时间中值。

(4) 预防性维修时间 M_{pt}。预防性维修同样有均值、中值和最大值,含义及计算方法与修复时间相似,只是用预防维修频率代替故障率,用预防性维修时间代替修复时间。

(5) 平均维修时间 $\overline{M}$,即产品(装备)每次维修所需时间的平均值。

(6) 维修停机时间率,即产品每工作小时维修停机时间的平均值。此处的维修包括修复性维修和预防性维修。

(7) 重构时间 M_{rt}(Reconfiguration Time),即系统故障或损伤后,重新构成能完成其功能的系统所需的时间。对有余度的系统,是其发生故障时,使系统转入新的工作结构(用冗余部件替换损坏部件)所需的时间。

2) 维修工时参数

维修工时参数反映维修的人力、机时消耗,直接关系到维修力量配置和维修费用。常用的工时参数是维修性指数 M_l。维修性指数是每工作小时的平均维修工时,又称维修工时率。减少维修工时,节省维修人力费用,是维修性要求的目标之一。因此,维修性指数也是衡量维修性的重要指标,是维修性、可靠性的综合参数。

3) 维修费用参数

维修费用参数常指年平均维修费用,即装备在规定使用期间内的平均维修费用与平均工作年数的比值。根据需要也可采用每工作小时的平均维修费用。这种参数实际上是维修性、可靠性的综合参数。为单独反映维修性,可用每次维修拆除更换的零部件费用及其他费用,计算出每次维修的平均费用,作为装备的维修费用参数。

4) 测试性参数

测试性参数反映产品是否便于测试(或自身就能完成某些测试功能)和隔离其内部故障。随着装备现代化和复杂化,装备的测试时间已成为影响维修时间的重要因素。因此,测试性参数是一类重要的参数,常用故障检测率、故障隔离率和虚警率及测试时间描述。

2. 维修性分析

装备寿命周期中的维修性分析包括如图5.12所示的方面。

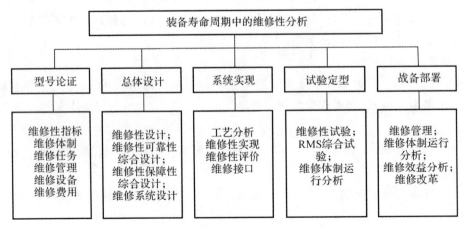

图 5.12　维修性分析

3. 以可靠性为中心的维修

以可靠性为中心的维修(RCM),是指按照以最少的维修资源消耗(避免过度检修或者检修不足),保持装备固有可靠性和安全性的原则,应用逻辑决断的方法确定装备预防性维修要求的过程。RCM 的最终结果是产生装备的预防性维修大纲。

由于 RCM 符合装备固有属性和运用规律,因此获得了高度重视和广泛运用,成为现代维修体制和理论的主要指导思想。

5.3.4 装备保障性分析

1. 保障性概念

保障性(Supportability)是系统(装备)的设计特性和计划的保障资源满足平时战备完好和战时使用要求的能力。保障性的含义比较复杂,它不同于一般的设计特性(如可靠性、维修性等),主要表现在这种特性包括两个不同性质的内容,即设计特性和计划的保障资源。装备的使用与维修保障看起来是部署使用后的工作,但是,一种装备能否获得及时、经济和有效的保障,首先取决于其设计特性与资源要求。比如说,某种装备操作使用技术难度很大,故障多样且排除故障需要多种复杂的设备与设施,使用和维修所用的油料、器材品种规格多且特殊,等等,那么,这种装备就难以获得良好的保障,保障部门及保障人员则难以实施有效的保障。所以,装备是否可保障、易保障,并能获得保障,是装备系统的一种固有特性——保障性。

保障性中的设计特性是指与装备保障有关的设计特性,如基本可靠性、维修性、运输性等。这些设计特性都是通过设计途径赋予装备的硬件和软件。从保障性的角度看,良好的保障设计特性是使装备具有可保障的特征,或者说所设计的装备是可保障、好保障的。

保障性中计划的保障资源是指为保证装备实现平时战备和战时使用要求所规划的人力、物质和信息资源。要使计划的保障资源达到上述目的,必须使保障资源与装备的可保障特性协调一致,并有适量资源满足被保障对象——装备的任务需求。从保障性的角度看,计划适量并与装备相匹配的保障资源说明装备是能够得到保障的。

应当注意,装备具有可保障特性和能够得到保障才是具有完整的保障性。

2. 保障性参数

保障性参数是装备保障性的定性定量描述。保障性的目标是多样的,难以用单一的参数来评价,同时某些保障资源参数很难用简单的术语进行表述。保障性参数与要求通常分为三类,根据装备和使用特点的不同选用。

1) 保障性综合参数

这是描述保障性目标的参数。保障性目标是平时战备完好和战时的持续使用要求,通常可用战备完好性目标值(Readiness Objective)来衡量。对不同类型装备可采用不同的参数。

(1) 战备完好率 P_{or}。战备完好率是指当接到作战(使用)命令时装备能够按计划实施作战(使用)的概率。它同装备的可靠性、维修性及保障性有关。

(2) 使用可用度 A_0。使用可用度是使用最广泛的一个参数。一般是可使用时间占担负战备时间总和的比例。

(3)任务准备时间 T_R。任务准备时间是指装备由接到任务命令(或上次任务结束)进行任务准备所需要的时间,军用飞机常采用再次出动准备时间(Turn around Time),即执行上次任务着陆后准备再次出动所需的时间。

(4)保障费用参数。保障费用参数常用每工作小时的平均保障费用表示。

2)有关保障性的设计参数

这是与保障性有关的主装备设计参数,它也可以供确定保障资源时参考,如平均故障间隔时间、平均修复时间、维修工时率、测试性参数以及运输性要求等。

3)保障资源要求

保障资源要求的内容比较多,因装备实际保障要求而定,通常包括人员数量与技术水平,保障设备和工具的类型、数量,备件品种和数量,订货和装运时间,补给时间和补给率以及设施利用率等。

装备保障性分析也贯穿于武器装备系统工程的过程。装备综合保障体系架构如图5.13所示。

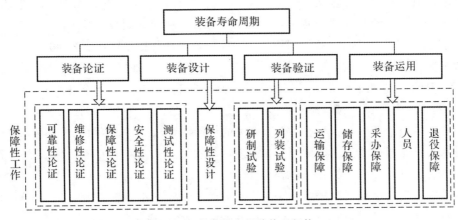

图 5.13 装备综合保障体系架构

可靠性、维修性与保障性密不可分。维修保障是装备综合保障的重要内容。现代信息技术为装备综合保障提供了强大的信息支撑和指挥控制支持。

装备保障的其他方面(比如作战装备保障要素、流程等)可以参见本书第8章。

5.4 系统设计与实现

装备设计与实现是一个立足装备发展论证结果,综合运用现有科学技术和工艺流程,实现从无到有、从能力到技术途径、从需求到物质平台的深化、固化、物化的过程。由于装备的复杂性、高技术性、昂贵性,这个过程是复杂、漫长、艰巨且充满风险的。系统设计包括概念设计、总体设计、分系统设计、设计综合、试验定型、生产设计、实验设计等。系统实现主要是生产、安装和调试等。

5.4.1 装备型号研制的一般程序

我军装备型号研制的一般程序如图 5.14 所示。

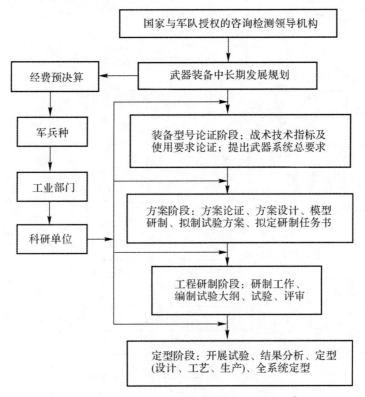

图 5.14 武器装备工程管理体系和研制程序①

5.4.2 装备设计

装备设计和实现与军事工业体制有一定联系。可以是军方设计,军工企业生产;也可以是军方提需求,军工企业设计实现,军方进行评审验收和采购部署。两种体制都有其优缺点。但是从现状与趋势看,后者越来越处于主导地位。

对于复杂武器系统,从无到有的每一个环节都可能是复杂的,并且是关联、参差、反复、循环的。从大致流程看,作战需求、指标需求、保障需求由军方主导提出,作为武器装备设计实现的输入;定型、战斗力转化生成由军方主导,作为用户最后的把关。

装备设计的大致过程如图 5.15 所示。

---

① 路建伟.军事系统科学导论[M].北京:军事科学出版社,2007 年 5 月:274

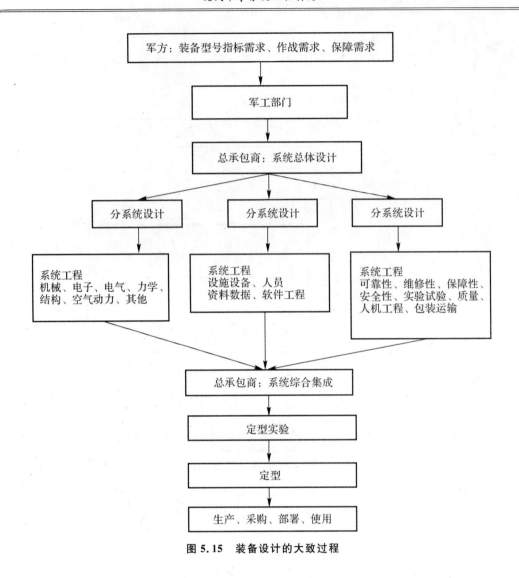

图 5.15 装备设计的大致过程

5.4.3 装备试验鉴定

装备的试验与鉴定是重要、复杂、代价昂贵的工作,是装备研制、生产、使用前的综合检测,主要目的是通过试验测试所采用的新技术能否实现、设计指标能否达到、战术技术性能指标是否合格,把发现的问题反馈给研制设计部门进行更改,为实现武器系统的正式生产、装备部队把关。

装备试验与鉴定通常包括研究试验与评价、使用试验与评价、保障设施试验评价等内容。

1. 组织管理

此处以美国为例。其管理主要分为两级:一是国防部一级;二是军兵种一级,如图 5.16 所示。

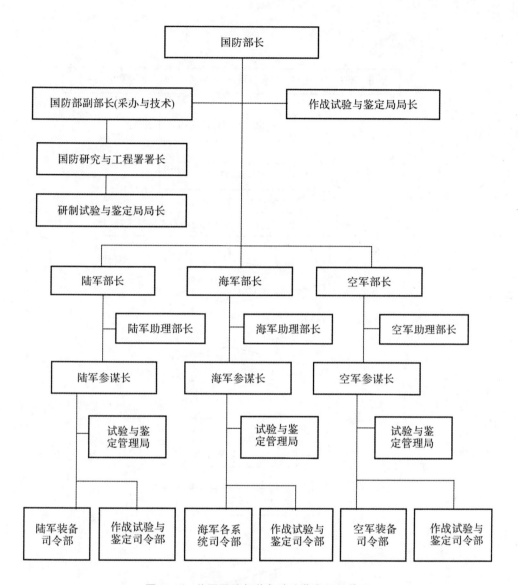

图 5.16 美国国防部装备试验鉴定组织管理

2. 基本流程

装备试验鉴定基本流程如图 5.17 所示。

5.4.4 举例——防空导弹的研制过程

防空导弹的基本研制过程如图 5.18 所示。

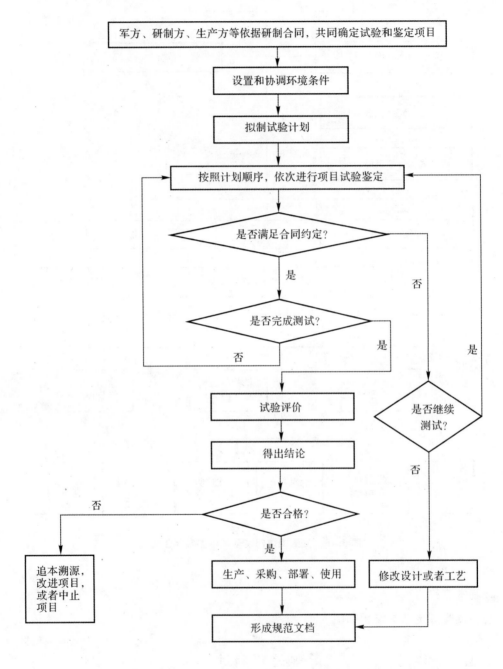

图 5.17 装备试验鉴定基本流程

第5章 军事装备系统工程

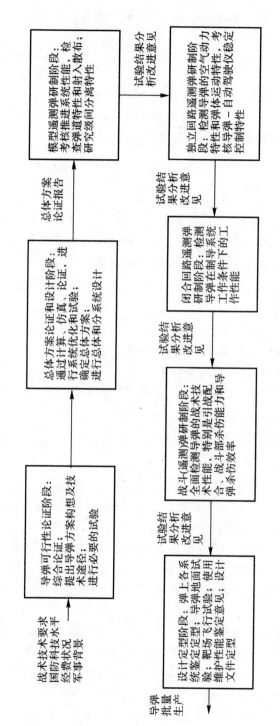

图 5.18 防空导弹研制过程简图[1]

---

[1] 于本水, 等. 防空导弹总体设计[M]. 北京: 宇航出版社, 1995年11月: 10

5.5 装备生产与部署

装备生产与部署包括两类活动：一是初始的小批量生产；二是大批量生产与部署。装备部门对装备部署和运用做出统筹安排，确保装备尽快形成战斗力。

装备部署是对一定作战任务下装备规模比例及其使用方式的确立和运行。装备部署与作战任务不可分割，是作战部署和作战指挥的重要内容。

5.5.1 装备生产

大型复杂武器装备是系统要素结构复杂、配套关系多、技术含量高的一类武器装备，如航空航天工程、导弹系统、军舰、飞机、雷达系统、大型火炮系统、坦克战车系统、航空炸弹系统及大型侦察通信系统等。大型复杂武器装备（整机）一般都是由许多分系统、设备、部件、元器件组成的，其生产过程是一个系统工程。

1. 小批量生产

初始的小批量生产目的是为使用试验和评价提供代表批量生产的试件，建立初步生产基地，并使生产率有序增长，以便完成使用试验后可以顺利进入大批量生产；同时，在工程试验和使用试验的基础上对装备的生产工艺、流程进行生产定型，冻结生产状态；而作战部队也可以通过试验，熟悉武器系统的操作和使用流程，并对系统的操作和性能提出改进意见。

2. 大批量生产

大批量生产在装备设计定型和生产过程确认合格后，按照合同的签订数量进行生产。

3. 装备生产质量监督

装备系统是由整机承制单位，分系统、设备分承制单位，部件、元器件分承制单位，原材料分承制单位按配套协作关系组成的一个有机协作整体。整机的质量是以分系统、设备、部件、元器件、原材料的质量为基础的。整机的质量也是由各承制单位质量管理、质量控制和协作配套系统质量管理、质量控制来保证的。为保证整机质量，就必须对整机形成的全过程实施全面质量管理和控制。因此，整机承制单位应组织建立全面质量保证体系，并定期对配套协作分承制单位的质量管理体系进行评价，及时协调生产过程中的技术质量问题，以保证分系统、设备、部件、元器件、原材料的质量[①]。

军代表监督制度是军方进行装备生产质量监督的主要环节。由于武器装备的重要作用及其特殊性，为了保证军队获得性能先进、质量优良、价格合理的武器装备，由军队派出军事代表，对武器装备的研制、生产进行质量监督和检验验收，防止不合格装备交付部队。

大型武器装备质量监督军事代表系统是由总部、军兵种订货主管部门在武器装备投入生产时建立的临时性组织，一般在首批产品订货合同签订后组建。其任务和职能通常随着该型

---

① 洛刚.装备质量管理概论[M].北京:国防大学出版社,2013年6月:202

号产品订货生产任务的结束而自行终结①②。

5.5.2 装备部署

把装备交付部队作战训练和担负战备。部署是采购的延续。在采购之前,就要论证分析装备需求的结构、数量、交付部队、编制体制、部署位置、任务分配、作战运用、装备训练、综合保障等。

(1)装备部署也是一个复杂的系统工程。部署需要考虑的要素包括:敌情想定、战场环境(自然环境、电磁环境、社会环境、物流体系、信息体系)、我方作战构想、上层作战体系、装备生产能力、装备训练维护能力等。

(2)装备部署并非"交钥匙工程"。特别是信息化复杂装备,其发展建设是一个长期积累的艰巨过程。从装备发展的角度,装备部署到位进入运行以后,以作战训练、担负战备、战斗力生成和提升为主线,需要重视装备的各种信息积累问题,为装备改进提供需求、素材和思路。这也是装备系统工程管理的基础和素材。

(3)构建装备演进信息库、装备使用信息库和装备质量信息库。在装备使用部署阶段质量信息的收集中,应特别强调对装备故障、维修、备件和质量归零等信息的收集。一是构建装备演进信息库。该库用于存储装备在发展演进过程中各个版本号对应的功能、性能和故障改进要素。可将该库与装备部署信息库内容进行比较,梳理装备的技术状态,及时发现需要进行软件、硬件升级的装备。装备演进信息库按每一类装备构建,可以细化到每一个关键模块。二是构建装备使用信息库。该库用于存储在保障特定任务时的装备名称、装备类别、安装时间、系统版本、数量、部署环境、任务部队、技术责任单位、武器平台型号、故障情况、巡检时间等基本信息。可利用该库掌握任务部队使用特定装备的技术状态、故障情况、巡检情况等信息。装备使用信息库按每一个装备构建,可细化到每一个装备型号。三是构建装备质量信息库。信息包括:故障信息的编号、发生时间、故障单元、故障模式、故障原因、故障类型、故障责任、故障判据、故障影响、故障处理等故障信息;维修信息的维修项目、维修级别、维修时间、维修工时、维修器材、更换部件等维修信息;故障归零的技术归零、管理归零、纠正措施、责任单位等质量归零信息。可以使用该库收集特定装备的质量信息提供参考方法、意见,跟踪质量问题处理情况,查找质量问题的规律性,为质量分析提供数据依据,为承制单位的技术部门查找特定的薄弱环节提出方法、意见,对该装备设计改进提供数据支撑。装备质量信息库针对每一个故障构建,可以细化到每一张问题整改单等③。

5.5.3 装备战斗力生成和提升

虽然按照系统工程的思路方法,从根本来说,装备战斗力是设计出来的,但是,由于装备运用的复杂性(环境、样式、缺陷、协同、保障、兼容等)和装备发展论证和设计制造的局限性,装备

---

① 罗云春.全寿命装备保障[M].北京:解放军出版社,2009年8月
② 查恩铭.装备采办概论[M].北京:国防大学出版社,2010年6月
③ 罗强一,上官廷杰.信息化装备在使用部署阶段如何加强质量管理体系建设[J].军队指挥自动化,2015年2期

部署后常常需要一个战斗力生成和提升的过程。当然,从系统工程的角度,这个战斗力生成和提升过程越短越好,最好是一步到位。

系统地看,装备战斗力包括了很多要素(见图5.19)。只有方方面面都达到一定的水准(操作训练水平、装备性能发挥、综合保障、一体化融入与战术协同等),如探索装备作战运用的战术战法、挖掘战术技术性能指标、作战保障措施的一体化落实、信息对抗能力的探索发挥、指挥控制能力水平的锤炼等,才能说装备生成了战斗力。

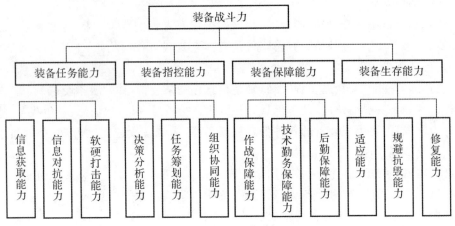

图 5.19 装备战斗力要素分解示意①

5.6 装备更新换代

装备型号的研制生产部署总是基于一定阶段的军事、技术、经济环境。时过境迁或者技术发展,都会促使装备更新换代。

一般地,装备型号的寿命周期可以从性能指标、技术、费用等角度予以考虑。分别对应装备的自然寿命、技术寿命和经济寿命。装备型号的总的寿命周期是技术、性能、费用等的考量的综合。

5.6.1 自然寿命

自然寿命,又称为物质寿命,即产品从投入使用开始,直到因为在使用过程中发生物质磨损而不能继续使用、报废为止所经历的时间。它是由产品的有形磨损决定的。

5.6.2 技术寿命

技术寿命,是指由于科学技术的发展,不断出现技术上更先进、经济上更合理的替代装备,

---

① 宋太亮,王岩磊,方颖.装备大保障观总论[M].北京:国防工业出版社,2014年1月:2

使现有装备在自然寿命或经济寿命尚未结束之前就提前报废。这种从装备投入使用到因技术过时而使其丧失使用价值所经历的时间称为装备的技术寿命。比如,由于作战对象的变迁,作战需求的升级,原有装备效能大大降低,那么,这种装备的技术寿命就到期了。

5.6.3 经济寿命

经济寿命,是指产品从投入使用开始到因继续使用不经济而被更新所经历的时间。比如,由于装备的故障率逐渐增高,装备的使用维护费用越来越高,就要考虑是否更新装备了。

5.6.4 装备退役

装备更新换代主要表现为两种方式:一种是某型号类型的少量退役;一种是某类型型号的整体退役。无论哪种退役方式,都要基于前期的体系论证和型号论证,以旧换新、交替过渡。比如我国普遍采用的"装备一代、发展一代、预研一代"的装备发展模式。

装备退役并非简单的弃而不要。从绿色装备和再制造工程发展理念角度考虑,在设计之初就要考虑装备的退役、重用、技术继承、技术保密等需要。而且,装备退役并不总是廉价的,有的武器装备退役处理可能也是昂贵的,比如核武器。

5.7 装备采办与寿命周期费用管理

5.7.1 装备采办

装备采办是指从武器装备方案探索、立项、设计、研制、试验、签订合同、生产、部署、后勤保障和退役处理的全过程。具体包括装备的需求分析、规划计划、研制、生产、订购直至交付部队以后的技术保障(技术服务、备品备件供应)等环节的工作。由此可见,装备采办是从未来战争特点和国家军事战略对武器装备的需求分析开始的,涵盖了从装备的需求论证、制定发展战略和规划计划、科研、生产、订购到装各部队形成初始战斗力以及后续服务的整个过程。同时,装备采办过程也是包含军事、经济、工程技术和管理活动的综合过程。高技术装备大多数是复杂贵重装备。其采办的复杂性、艰巨性、战略性、长期性等也更为突出。

1. 装备采办系统

军事装备采办系统的职能结构如图 5.20 所示。

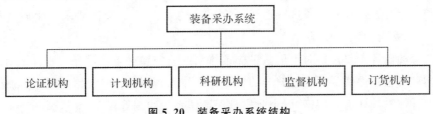

图 5.20 装备采办系统结构

2. 武器装备采购的步骤

武器装备采购是采办的主要环节之一。武器装备采购的一般程序包括制定武器装备购置计划，签订订货合同，进行武器装备的审价定价，对武器装备的生产过程实施质量监督，对武器装备产品进行检验和验收，以及部队接装后的技术服务等。

(1) 制定购置计划。

购置计划按适用期限可分为中长期规划计划、年度计划、滚动计划和调整计划；按订货渠道可分为国内订货计划和国外引进计划。中长期计划的适用期一般为5～10年，由于时间跨度大，难以预见的因素较多，通常需根据变化适时调整；年度计划是当年武器装备订货的具体计划；滚动计划是指生产周期在一年半以上的重点武器装备的购置计划，可以每年编制一次，内容包括当年执行计划、第二年草案计划和第三年预告计划，三年计划依次递进，逐年滚动；调整计划是在中长期规划计划的基础上，根据经费、科研进展、生产能力等方面情况的变化，重新制定的年度计划。

(2) 签订订货合同。

武器装备订货合同是军队与国防工业部门之间签订的为实现武器装备的生产和采购并明确相互权利和义务关系的经济合同，是军队购置武器装备的主要形式，是武器装备生产、验收、付款、交接和技术服务的基本依据。

订货合同的内容主要包括：订货项目，产品的名称、品种、规格、型号，产品的数量和计量单位，产品的配套要求，对承制方的质量保证要求，产品的质量标准和包装要求，产品验收的条件和方法，产品的交货进度，产品的单位、总价、结算方式、开户银行、账户名称和账号、结算单位，产品的交货单位、交货方法、运输方式、发运和到货地点、交货日期，产品"四包"的内容和期限，产品售后技术服务项目和要求，违约责任，合同签订地点、时间、生效及失效期限以及方式方法等内容。

(3) 武器装备的审价定价。

审价定价的基本依据是国家有关军工产品价格的方针、政策和有关审价定价工作的规定等。基本任务是：贯彻执行国家的物价政策、军品价格政策以及有关的要求和规定；审查考核产品的工时定额、材料消耗定额、专项费用和废品损失等情况，并进行分析研究，与承制单位商定产品价格意见并按规定程序上报，在授权范围内与承制单位商定产品价格；参加承制单位的经济活动和产品的成本分析工作，提出降低成本的建设性意见；建立健全产品成本档案，预测产品价格变化趋势，提供产品价格变化信息等。

(4) 武器装备生产过程的质量监督。

武器装备的质量监督是指军方派出的代表为保证满足质量要求，而对承制单位的生产程序、方法、条件、产品、过程和服务进行连续评价，并按规定标准或合同要求对生产过程进行监控的有计划的、系统的工作过程。

质量监督的内容主要包括对工厂质量保证体系的监督和对生产过程的监督。对工厂质量保证体系的监督包括促使工厂建立健全的质量保证体系，监督工厂质量保证体系的运行，参与工厂质量保证体系的评审，以及敦促企业质量保证体系的纠偏等。

对生产过程的监督包括对生产条件的监督和对生产管理的监督。生产条件主要包括关键工序、各种设备的质量、原材料、器件等是否合格,工艺过程、生产环境、时序等是否符合规定。生产管理主要是指对重要部件、关键部件的质量情况,各种器材的质量情况,工艺技术情况,各种管理制度以及产品质量信息等的管理控制。

(5) 产品的检验验收。

武器装备产品的检验验收,是确定其能否交付部队使用的最后程序,是保证武器装备质量的最强有力的手段,通常在承制单位检验合格的基础上独立进行。在武器装备产品检验前,要对交验单、随产品交验的有关质量结论文件、必要的原始记录和检验试验条件进行审查。检验验收的主要依据包括:技术标准(基础标准、产品标准、方法标准、安全标准、卫生与环境标准)、产品图样和技术文件以及合同等。在验收过程中,军方应采用各种检验验收方法,着重进行购进检验、工序检验、成品检验三项工作,即把握住原材料、半成品、成品三个"关口",以真正保证产品的质量。

(6) 售后技术服务。

武器装备配发部队以后,要使其尽快发挥效用并形成战斗力,主要取决于部队是否能在很短的时间内熟悉和掌握装备的使用、维护和保障等。因此,军队装备部门必须协助承制单位做好装备的售后技术服务工作。技术服务的内容主要包括:技术培训、维修服务、技术质量跟踪以及装备的质量问题处理等。

5.7.2 装备寿命周期费用管理

1. 寿命周期费用与冰山效应

采办与寿命周期及其管理密不可分。复杂武器装备的寿命周期费用中维修保障费用占有了越来越高的比例。仅仅是武器系统的购置费用远不能反映真正的全部费用。这就是所谓的冰山效应。冰山效应(见图 5.21)是现代复杂武器装备论证、设计所必须重视的规律。它启示决策者,不但要看到和筹划容易看见的费用——订购费,更要看到和统筹看不见的水平面之下的费用。否则就可能买得起马,养不起马,用不起马。应该树立全系统、全寿命、效费比的系统工程理念。

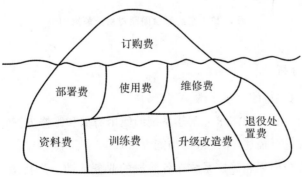

图 5.21 装备寿命周期费用的冰山效应示意图

2. 费用分解结构

寿命周期费用一般包括：论证与研制费、购置费、使用与保障费和退役处理费，如图 5.22 所示。

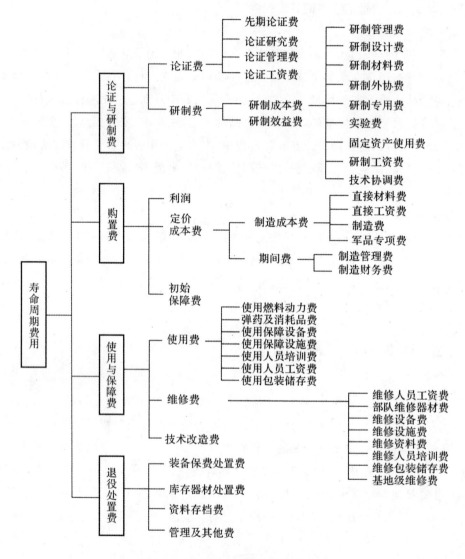

图 5.22 系统寿命周期费用分解结构

3. 寿命周期费用分析

装备寿命周期费用分析的基本步骤如下：

(1)详细阐述客户对系统的需求。阐述系统的使用需求和维修方案，确定技术性能测量措施，从功能角度对系统进行描述（系统级的功能分析）。

(2)描述系统的寿命周期和确定系统在各阶段的业务活动。为构造"费用细目结构图"和估算预定的寿命周期内每年的费用建立"基线"。

(3) 构造"费用细目结构图"。建立一种自上而下/自下而上的结构,包含与费用有关的所有类别,以便进行初步费用分配(自上而下),随后进行各类费用的收集和汇总(自下而上)。必须将寿命周期内的所有活动包含进来。

(4) 确定数据输入需求。确定数据输入需求和可能的数据来源,数据的类型和数量取决于正在研究的问题的性质、系统在寿命周期中所处的阶段,以及分析的深度。

(5) 为"费用细目结构图"中的每一个类别设置费用值。在多年实践的基础上,确定合适的费用概算关系,并估计每一类别的费用。

(6) 为进行分析和评估,选择费用模型。为进行寿命周期费用分析,选择(或开发)一种基于计算机的费用模型。这种模型对于正在评估的系统必须是敏感的。

(7) 产生费用汇总表。构造一个费用汇总表,以说明整个寿命周期内的费用及其占全部费用的比例。

(8) 确定高费用因素,并找出其根源,突出系统的哪些功能和哪些组成部分,或者哪些过程在设计改进中要着重进行研究。

(9) 进行敏感性分析。对模型、输入和输出数据的关系,以及"基线"分析的结果进行评估,以确保寿命周期费用分析总体上是正确的;模型本身对于正在研究的问题是合适的、敏感的。敏感性分析有助于确定存在风险的主要方面(相当于部分风险分析)。

(10) 确定待解决问题的优先权(如哪些问题应该得到管理人员的最大关注)。

(11) 确定可行的设计评估方案。利用已有的单个设计方案的寿命周期费用分析方法,将其扩展到多个设计方案的寿命周期费用分析中。

(12) 评估可行方案,选择首选方案。为进行评估的每一个可行方案建立费用汇总表,根据费用值对方案进行比较,进行收支平衡分析,然后选择首选设计方案。

在寿命周期费用分析过程中,最大的困难在于费用的估计。准确估计费用所需的良好历史数据通常是非常少的,特别是使用和维护费用的历史数据。在费用估计过程中,需要利用以往的数据,按照类比方法和/或"参数费用估计法"进行类推。应用"基于活动的费用计算"方法很有用,这种方法能够根据费用来追溯出哪些因素导致了这些费用的产生。

4. 寿命周期费用控制

寿命周期费用(LCC)控制贯穿寿命周期始终。需要综合运用各种管理和技术方面的手段方法。寿命周期费用控制主要工作流程如表5.1所示。

表 5.1　寿命周期费用控制主要工作流程

装备发展阶段	费用控制相关工作
中长期发展规划阶段	装备发展战略规划、研制列装计划; 装备投资经费预算计划等
先期论证阶段	立项论证,预测研究费、购置费及 LCC

续表

装备发展阶段		费用控制相关工作
装备寿命周期	论证阶段	估算 LCC； 初步 LCC 分析,费用-性能(效能、功能)分析,以论证总体技术(使用、保障和设计)方案； 制定与评审 LCC 参数(包含装备单价等)设计指标的初步目标值和门限值,并列入《武器系统研制总要求》； 编制投标书中费用概算及对各投标单位进行经济性评审
	方案阶段	收集费用数据和评估 LCC； 进行 LCC 分析,确定 LCC 的主宰因素； 进行费用-性能(效能、功能)权衡分析,为确定使用方案、保障方案和设计方案提供依据； 确定与评审 LCC 参数(包含装备单价等)设计指标的初步目标值和门限值,并纳入《研制任务书》及有关合同文件； LCC 参数指标的分配与预计； 签订研制合同(含奖惩条款)
	工程研制与设计定型阶段	收集费用数据,特别是研制及设计定型试验费用数据,估算 LCC； 评审与检查 LCC 参数设计指标的执行情况,需要时调整费用指标； 初审装备单价； 评估 LCC,分析偏离费用指标的原因,采取降低 LCC 的措施； 核算研制费,按规定实施奖惩
	生产定型与生产阶段	收集费用数据,特别是制造及生产定型试验费用数据,估算 LCC； 复审装备单价,签订试生产(或小批量生产)合同； 再审装备单价,签订批生产合同； 评估 LCC,分析偏离费用指标的原因,采取降低 LCC 的措施
	使用阶段	收集费用数据,特别是使用与维修费用数据,估算 LCC； 评估 LCC,分析偏离费用指标的原因,采取降低 LCC 的措施
	退役阶段	确定装备残值； 收集费用数据,特别是退役处置费用数据,核准实际的 LCC 并归档

5.7.3 装备全面质量管理

全面质量管理包括:全面质量管理、全过程管理、全体人员参加管理和全面采用科学方法管理四方面。

(1)全面质量管理。军事装备业务部门和军工企业从最高经营层、中间管理环节,一直到最基层的业务生产单位,每个车间、部门、班组,都直接地决定或影响产品质量。质量管理决不是某一环节、某一部门或某一层次的责任,而是从机关到企业到部队的全面的共同任务。它包括对产品质量的保证,产品质量缺陷的预防,工作质量的提高,价格合理,保证交货期和做好售后服务等广泛的内容。

(2)全过程管理。装备质量在形成和发展过程中,与市场调查、计划、设计、试制、制造、检查和部署保障服务等各环节紧密联系,既有明确分工,又要密切配合,全面地组织各个环节的活动,以保证提高产品质量。产品质量的产生和形成过程是一个螺旋式上升的过程。这一过程大致可以分为市场调查、试验研究、设计、试用鉴定、批量生产前的准备、正式生产、检查试验、包装入库、部署和使用服务等阶段。全面质量管理就是对这样一种螺旋上升的质量管理活动全过程所进行的管理。①

(3)全员参加管理。装备质量是军队管理机构和军工企业各项工作的综合反映。从党、政、工、团各级领导,到生产、行政、后勤、服务、人事劳资、安全教育等工作人员,都与产品质量有直接或间接关系,即产品质量是全体员工工作质量的集中反映,全体员工的工作质量是产品质量的根本保证。因此,全面质量管理是企业全体员工的共同责任。从管理到技术和操作的每个成员都应该具有正确的质量意识和承担质量责任,以一定的形式参加质量管理活动,为实现产品质量目标履行自己的职责。全员参加管理又是现代组织和企业实行民主管理的具体体现。提高产品质量需要全体职工齐心协力,共同努力,人人参加质量管理,大家都对质量负责,都用自己优异的工作质量来保证产品质量,质量管理才有坚实的群众基础。

(4)全面科学管理。全面质量管理是在现代科学技术和科学管理基础上产生和发展起来的。它从系统理论出发,综合运用自然科学、技术科学、经济科学和管理科学的成果,根据不同的实际情况,采用不同的分析、控制和管理方法,以期尽可能改善和提高产品质量。

全面质量管理的内容十分丰富,除了树立综合质量新观念,加强全面质量管理的基础工作,制定质量方针、目标和计划,设置专职的全面质量管理的组织机构外,建立健全质量体系是开展全面质量管理的关键。

5.8 装备效能评估

装备系统的效能是指在特定条件下,装备系统被用来执行规定任务所能达到预期可能目标的程度。装备效能评估是需求非常普遍的系统评价活动。在军事学中,效能一般指作战行动的效能或装备系统的效能。与系统的层次结构相一致,效能也具有层次结构。

5.8.1 装备效能评估方法

在系统评价的基本思路方法之上,装备效能评估的方法比较繁杂,分类角度也不同。各种方法都有其优点和不足。无论哪种方法,要取得现实说服力和实用性,都需要评估理论与评估实践的密切灵活结合,都需要大量的模型、数据、案例做支撑,并且在不断的评估过程中获得数据、规律、结论,以及军事人员和技术人员的能力提升。

---

① 洛刚,王保顺.装备质量管理概论[M].北京:国防大学出版社,2013年6月:30

1. 根据得出评估结果的基本途径分类

根据得出评估结果的基本途径,装备效能评估方法大致可分为专家方法、统计法、解析法和仿真法。特别对于无法实验统计的效能问题(比如体系对抗、装备体系、非常规武器、高风险高消耗行动、大规模作战等),核心方法是解析方法和仿真方法。统计法是应用数理统计的方法,依照实战、演习、试验获得的大量统计资料评估效能指标,其前提是所获得的统计数据的随机特性可清楚地用模型表示并加以利用。解析法是根据解析式计算装备体系的作战能力指数,实际上基本相当于后面提到的指数法。仿真法通过仿真试验得到关于作战进程和结果的数据进而得出效能指标估计值,主要有作战模拟法、系统动力学方法和分布交互仿真法等。

指数法是典型的解析方法之一。指数法是用一个无量纲的指数来度量一个武器装备体系的作战能力。指数法包括计分法、火力指数法、武器指数法等。优点是结构简单、使用方便,适合于描述高层次、低分辨率、约束条件少的作战效能问题。缺点是不能回避效能等效的难题,尤其是不能回避不同种类武器装备间的效能等效问题。有专家认为,不同种类装备间不能等效,也有人认为这类等效问题只有在特定环境与任务下才能回答。由于指数法不是基于环境和任务的,所以在某种条件下求得的效能指数在其他条件下可能完全失效。指数法适用于不考虑对抗条件下的装备系统效能评估和简化条件下的宏观作战效能评估。

2. 根据评估的主客观程度分类

根据评估的主客观程度,装备效能评估方法可分为主观评估法(如直觉法、专家评定法、德尔菲法、层次分析法等)、客观评估法(如加权分析法、理想点法、主成分分析法、因子分析法、乐观和悲观法、回归分析法等)以及定性和定量相结合的评估方法(如模糊综合评判法、灰色关联分析法、聚类分析法、物元分析法、人工神经网络法、参数效能法、SEA 方法、试探性建模与分析方法等)。其中,SEA 方法和试探性建模与分析方法在一定意义上是一种新的效能评估方法论思想。

SEA 法的基本思想:当系统在一定环境下运行时,系统运行状态可由一组系统原始参数的表现值描述。对于一个实际系统,由于系统运行不确定因素的影响,系统运行状态可能有多个(甚至无数个)。那么,在这些状态组成的集合中,如果某一状态所呈现的系统完成预定任务的情况满足使命要求,就可以说系统在这一状态下能完成预定任务。由于系统在运行时落入何种状态是随机的,因此,在系统运行状态集中,系统落入可完成预定任务的状态的"概率"大小,就反映了系统完成预定任务的可能性,即系统效能。而为了能对系统在任一状态下完成预定任务的情况与使命要求进行比较,必须把它们放在同一空间内,这一空间恰好可采用性能量度空间{MOP}(Measure Of Performance,MOP)。SEA 法的优点是适用范围广,具有足够的柔性。缺点是系统边界划分和使命定义比较模糊,操作性有待完善。严格地讲,SEA 法只是测量系统完成给定任务程度的方法论框架,并不是具体的评估方法。在使用 SEA 的框架进行评估时,还需嵌入其他评估方法。

试探性建模与分析方法,也称探索性分析方法,是美国 RAND 公司在研究国防规划和装备体系论证问题时提出的一种思路和不确定性分析的方法。在面向高层次复杂系统仿真分析和作战实验中得以应用和发展[①]。

---

① 董尤心,唐宏,等.效能评估方法研究[M],北京:国防工业出版社,2009 年 7 月:29,42

3. 根据评估过程分类

根据评估过程,武器装备体系效能评估方法可以分为静态评估方法和动态评估方法。静态评估方法的基本思想:武器装备体系的效能是武器装备体系性能和数量的函数,可通过一定的变换,从武器装备的性能得到其体系的静态效能。静态方法的思路之一是用以体系作战能力指数为变量的战役兰彻斯特方程模型研究不同武器装备体系方案。另一种思路是采用数学规划方法。静态评估的优点是输入变量较少,计算简捷;不足是不能很好地反映出作战过程中各装备间的相互关系。

现代战争武器装备体系的对抗表现为体系的对抗。武器装备体系效能动态评估方法通过对作战过程中体系内部及外部的主要相互关系描述,使效能评估更接近实际。动态评估方法的思想:通过对作战过程中体系内部及外部的相互关系描述,使效能评估更接近实际。仿真模拟是常用的动态评估方法。动态评估方法的优点是更直观、更真实、更有说服力。缺点是在实现上比较复杂,由于人工智能和软件技术还不够完善,还不能很好地支撑仿真模拟方法的应用。

美国工业界武器系统效能咨询委员会 WSEIAC(Weapon System Efficiency Industry Advisory Committee)提出武器系统效能评价 ADC 法是一种典型的静态效能评估方法,获得了普遍的认可和使用。

ADC 法基本原理:用有效性向量 A 表示在开始执行任务时的可能状态;用可信赖性矩阵 D 描述系统在执行任务期间的随机状态;在已知系统有效性与可信赖性的条件下,用能力向量 C 或矩阵表征系统的效能,系统效能就可表示为这 3 项的乘积: $E=ADC$。目的是把有效性、可依赖性和能力组合成表示装备系统总体性能的单一效能量度。ADC 法的优点是在相对小的计算量条件下能得到相对准确的评估结果,并且考虑因素较全面。ADC 法的缺点是 ADC 矩阵确定过程复杂,有些因素凭经验或预测给出,客观性有待加强。由于 ADC 法是以系统状态划分及其条件转移概率为建模思想的,为防止矩阵维数的急剧膨胀,不宜用于状态较多的复杂系统的评估。

4. 根据评估时机分类

根据评估时机分类,评定武器系统作战效能的方法可归纳为实验法和预测法。

所谓实验法,是在规定的作战现场中或精确模拟的作战环境中,观察武器系统的性能特征,收集数据,运用系统效能模型,得到系统效能值。

预测法以数学模型为基础。分析人员在规定的约束条件下预测或者获取系统性能,并把所得结果输入到评估数学模型中,最后得到系统效能值。预测法不要求以系统的存在为前提。

实验法能给出可靠的数据,但给出数据的时间太迟,不能满足预测要求。最重要的是预测法,尽管它给出的数据缺少事实根据。因为在武器系统投入使用之前的许多年,武器研制单位和使用单位就需要去预测和评定它的系统效能,从而决定取舍。

5.8.2 装备费用-效能评估

装备费用效能分析的基本思路是,分析武器装备的效能与费用的比例关系,以求提高武器装备的效费比,即要在效能一定的情况下使得费用最低,或在费用既定的情况下使得效能最高。随着现代科学技术的发展,新式武器装备不断涌现,费用也不断增长。因此,世界各国在军费不可能任意增长的情况下,如何有效使用军费,特别是如何使武器装备的先进性与全寿命费用协调一致,就成为许多军事家和军事经济学家共同关心的问题,其目的就是要使武器装备的效能与全寿命费用达到最佳组合。费效分析准则是分析对象客观属性的评价标准,也在一定程度上是决策者决策思想和偏好的反映。费用的估算也是一项繁杂的工作。

一般采用武器系统的效费比作为决策函数,即效费比最高。其计算式为

$$效费比 = 费用指数/效能指数$$

可以看到,此处效费比是线性的。对武器系统而言,一般地说,效能的重要性显然和费用不可简单等价和对应。所以,费效分析准则和费效函数的确定是费效分析的重要的问题。权威的效能指数难以获得,系统寿命周期费用由于系统的动态发展和边缘不清晰也不容易获取。

第 6 章 军事信息系统工程

军事信息系统是综合运用信息技术,实现对军事信息的获取、管理、处理、分发和使用,为作战单位和武器装备的指挥控制与管理决策提供服务的系统。军事信息系统将信息获取、信息传输、信息处理、信息管理和信息应用等部分结合在一起,是信息化条件下作战指挥、政治工作、教育训练、综合保障,以及科研生产、部队管理和日常办公等活动的主要信息平台。军事信息系统是军队信息化的先行领域,是构建作战体系的前提和基础[1]。广义地看,军事信息系统也是一类装备。装备系统工程的基本思想方法也适用于军事信息系统。

军事信息系统是战场和作战的神经系统,与作战理论、编制体制、指挥控制流程等密切关联。军事信息系统提高了指挥手段和武器平台的智能化、网络化、一体化程度,延伸了人对战场信息的感知能力、分析决策能力、对武器平台的控制能力,对于形成和提高基于信息系统的体系作战能力具有基础和支撑作用,其根本作用就是将信息转化成战斗力,有时甚至军事信息系统本身就是战斗力。信息主导的体系制胜机理已经成为军事人员和技术人员的共识。

由此可见,军事信息系统外延广泛、内涵丰富。只有通过军事信息系统,各类武器装备、各类各层次指战员、各类信息资源、各类保障资源才能从时间和空间上连接成线、面、片、体系,从而从各个层次和环节上更好地凝聚能力、释放效能。

6.1 军事信息系统工程的概念

6.1.1 军事信息系统的基本类型

军事信息系统是系统工程的主体。军事信息系统也是多层次、多种类、多侧面的,按不同的视角可划分出不同的种类。按照目前基本的共识,从应用的角度看,军事信息系统主要包括指挥信息系统、信息作战系统、嵌入式信息系统和日常业务信息系统等四类系统(见图 6.1)。

其中,指挥信息系统是以计算机网络为中心,由指挥控制、情报、通信、信息对抗、综合保障等分系统组成,可对作战信息进行实时的获取、传输、处理,用于保障各级指挥机构对所属部队和武器实施科学高效指挥控制的军事信息系统。按照层次,指挥信息系统可以分为战略指挥信息系统、战役指挥信息系统、战术指挥信息系统;按照军兵种,可以分为陆军、海军、空军、火箭军等指挥信息系统[2]。指挥信息系统是构建联合作战体系的核心要素。

---

[1] 国防科学技术大学信息系统与管理学院.军事信息系统概论[M].北京:军事科学出版社,2014 年 5 月:7
[2] 军事科学院.中国人民解放军军语[M].北京:军事科学出版社,2012 年:168

我军军事信息系统的发展主要以指挥信息系统为核心,先后有指挥自动化、综合电子信息系统、战场信息系统、军事信息系统等多种说法。此处不加以严格区别。军事信息系统是一种更为普遍和概括的说法。

军事信息系统的构成中,指挥信息系统和信息作战系统集成度非常高。信息作战系统只有融入指挥信息系统之中,才能形成和发挥作战能力。日常业务信息系统和嵌入式信息系统相对于指挥信息系统,其影响范围、复杂程度、对抗特性都较简单,因此,本章讨论以指挥信息系统为核心。

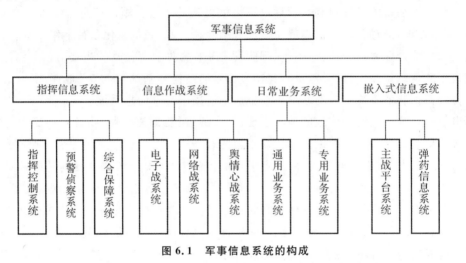

图 6.1　军事信息系统的构成

6.1.2　军事信息系统的基本功能

不同的指挥自动化系统虽然有着不同的任务范围,但它们一般都具有以下基本功能。

(1)信息获取功能:包括信息采集和信息接收。采集是主动获取,接收是被动获取。信息接收方对采集或接收的信息进行识别、分类、评估等处理。获取的信息种类有敌情、我情、友情、天文、地理、社情等。

(2)信息传输功能:利用多种传输手段,按照一定的传输规程和代码格式,将信息从发送端传到接收端的能力。对信息传输的基本要求是快速、准确、可靠、保密和不间断。

(3)信息处理功能:系统按一定规则和程序对信息进行加工的能力。信息处理主要包括对信息登录、格式检查、属性检查、统计计算、质量评估、威胁估计等的分析和处理,以及分类、存储、检索等。

(4)辅助决策功能:辅助决策是指协助指挥人员分析判断情况、确定作战方针、定下指挥决心的活动。辅助决策以人工智能和信息处理技术为工具,以数据库、专家系统、数学模型为基础,通过计算、推理和仿真等手段辅助指挥人员制定作战方案和保障预案,组织实施作战指挥,完成作战模拟,支持部队训练等。

(5)指挥控制功能:指挥员定下决心并选定了最佳方案后,就要给所属部队下达作战指挥命令,实施指挥控制。如为配合硬武器的攻击,指挥控制电子战系统对敌实施电子干扰等。

(6)系统互通功能:系统与相关系统相互连通达到协同工作的能力。互连互通能力是系统间共同工作的基础,它在一定程度上能使系统资源共享和功能分布式集成。互通能力涉及系统与同类或相邻系统物理界面的一致性、协议的一致性、协调同步能力及共享兼容工作的能力。

(7)安全保密功能:系统采取一定措施,确保其工作方式、性能参数和用户信息不被非法获取和泄露的能力。指挥自动化系统的安全保密通常涉及系统的物理安全、信息安全保密、系统防护、存取控制和安全管理等①。

6.1.3 军事信息系统的寿命周期

按照常规武器装备的研制程序,军事信息系统的研制亦分为论证、方案设计、工程研制、系统集成与试运行、系统使用与维护等五个阶段。系统论证是第一个阶段,在军事信息系统发展和建设中占有非常重要的地位。当然,军事信息系统需求论证更加重要、迫切、困难。

一个信息系统工程的生命周期可分为系统规划、系统分析、系统设计、系统实施、系统运行与维护五个阶段,每个阶段又包括若干环节和行动,如图6.2所示。

需要注意的是,信息系统是一个集成性、继承性很强的系统。现代软件工程和数据工程的发展,不断强化了信息系统的开发运行保障的继承性。因此,军事信息系统的寿命周期可能难以从时间和阶段上明晰划分。一个充分论证的项目必然会立足现实,并且为下一代的发展预置基础条件。这需要研究者的方法论要"软"一些。

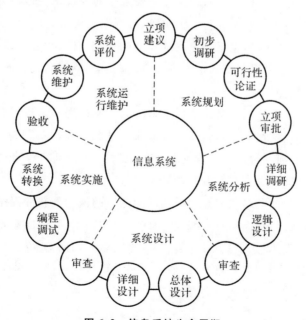

图6.2 信息系统生命周期

---

① 竺南直.指挥自动化系统工程. 北京:电子工业出版社,2001年1月:12－13

6.1.4 军事信息系统工程的内容

军事信息系统工程(Information System Engineering)是指以计算机、网络、军事数据库、军用软件等信息技术与产品为构件的军事系统工程。从逻辑流程上看,军事信息系统工程的内容有发展论证、需求分析、设计实现、部署、使用维护、保障、更新换代、系统监理等。从产品实体角度看,信息系统工程的内容包括硬件工程、软件工程、网络工程、数据工程、人机工程。其中数据工程是信息系统工程的基础工程。军事信息系统工程亦然。

军事信息系统工程的主要研究对象和领域有:战场信息系统、指挥信息系统、决策支持系统、军事信息系统需求工程、指挥自动化、综合电子信息系统、C^4ISR体系结构、数字化战场、战术数据链、军事物流等。有的书籍还把理论建设、法规建设和人才队伍建设也明确纳入军事信息系统建设和系统工程的范畴。

从概念上讲,软件是信息系统的一个核心的组成部分,所以软件工程是信息系统工程的一个主要的组成部分。事实上,信息系统工程中的许多概念、理论和方法都直接来自于软件工程。但是,信息系统工程不能等同于软件工程,二者在内容上有明显的差异[①]。

6.1.5 军事信息系统开发的方法

(1)生命周期法。这是早期信息系统开发一般采用的方法,它强调"结构化分析、结构化设计"。将信息系统的生命周期定义为若干个阶段,按照瀑布模型,由上而下逐步开发。

(2)原型法。原型法的基本思想是在系统开发的初期,在对用户需求初步调查的基础上,以快速的方法先构造一个可以工作的系统雏形(原型)。然后通过对原型系统逐步求精,不断扩充完善得到最终的软件系统。

(3)结构化方法。该方法强调将整个信息系统的开发过程分为若干个阶段,每个阶段都有其明确的任务和目标,以及预期要达到的阶段成果。达到本阶段的目标后,才开始下一阶段,否则重复本阶段或返回前一阶段。总体上看,它主要包括自顶向下分析过程和从底向上的实现过程。

(4)面向对象方法。面向对象的开发强调从问题域的概念到软件程序和界面的直接映射,已广泛应用到面向对象建模、面向对象编程、面向对象软件工程、面向对象分析与设计等方面。当前,主流信息系统开发思想、工具、界面、产品等都是基于面向对象构架的。

(5)构件法。它是基于面向对象的,以嵌入后马上可以使用的即插即用型软构件概念为中心,通过构件的组合来建立信息系统的方法。

(6)面向服务方法。该方法为了解决分布式环境下异构系统的互操作,并为业务提供良好的灵活性和敏捷性,提供了一种基于开放标准的松散耦合、粗粒度聚合的分析设计方法。

(7)敏捷开发方法。敏捷开发方法强调软件开发的产品是软件本身,着眼于快速交付高质

---

① 姜同强.信息系统分析与设计[M].北京:机械工业出版社,2008年3月:32

量的工作软件,并做到客户满意。它主要包括极限编程、动态系统开发、水晶方法等具有类似基础的方式和方法。①

6.2 军事信息系统发展论证(规划)与需求工程

军事信息系统,特别是指挥信息系统,往往是一个极其复杂和庞大的人机系统。研制、开发、建设一个军事信息系统,往往要经过多年的艰苦努力,花费大量的人力、物力,在投入使用以前,还必须进行集成联试、综合测试、模拟演示,甚至于实兵演习来对系统的效能进行检验。一旦成功,固然可以大幅度提高作战效能和管理效能;但是,一旦失败,其负面后果也是非常严重的。因此,军事信息系统的发展论证就显得尤为重要、迫切和困难。因此,结合军事信息系统的需求分析,发展形成了需求工程这一更加具有针对性的方法技术。

6.2.1 军事信息系统发展论证的特点

此处以指挥控制信息系统为例。我军指挥控制信息系统又称为指挥自动化系统,包括指挥控制、情报侦察、预警探测、通信、电子对抗、支援保障等分系统,是一个大型、综合、复杂的军事电子信息系统。与其他武器系统的论证不同,它不仅面广、关系复杂和内容繁多,还具有以下特点:

(1)技术的综合性。指挥信息系统的装备发展论证涉及军事和技术方面的多种知识和技术。如在军事应用领域,有作战样式、指挥关系、指挥方式、信息需求与分配、指挥控制、武器装备、支援保障等;在技术领域,包括指挥控制、情报侦察、预警探测、通信、电子对抗、计算机、网络、软件、接口,以及信息收集、传输、处理、显示、分配、输出和环境、防护、人机工程等方面的知识和技术。

(2)需求的不定性。指挥信息系统是面向指挥人员的军事电子信息系统,军事需求通常具有对抗性、模糊性、不确定性和不完整性,这是指挥信息系统与常规武器装备研制的根本区别之一。通常的做法是坚持有限目标和渐近获取的原则,在总目标确定之后,采取分期实施的办法。随着系统的研制和试用,用户的需求会逐渐明确和完善,并会提出新的需求,研制单位也会不断改进系统。如此反复,使目标逐步逼近,功能渐近获取,最终达到用户满意的系统目标。

(3)内容的顶层性。指挥信息装备发展论证涉及范围广(国家安全环境、军事斗争形势、军事需求、国外发展水平及国内现状的分析),关系复杂,技术门类多,论证研究的内容属于系统顶层范畴。论证和确定系统建设规模、体系结构、组成以及战术使用,制定系统战术技术指标和技术体制,其内容就是一个大系统的顶层设计,这是不同于单项武器装备论证的又一个特点。论证必须站在总体的高度,研究和回答系统有关的各种顶层问题,从一定程度上说,系统

---
① 唐九阳,等.信息系统工程[M].3版.北京:电子工业出版社,2014年9月:14

顶层设计出自论证者。研制方的总体技术方案是在论证的基础(或框架)上完成的。系统顶层设计是否先进和合理,直接关系到装备研制的顺利与否。

(4)论证的"迭代"性。制约指挥信息装备发展论证的因素很多,诸如军事使用需求、技术水平、研制能力、经费投入强度、研制周期以及配套设施建设和各种保障条件等的限制,论证的过程就是在上述诸多因素间反复进行调整的过程,很难一次到位,需要反复"迭代"。"迭代"性是指挥信息论证中的一大特点[①]。

6.2.2 军事信息系统发展论证的主要步骤和方法

在指挥信息装备发展论证中,要使系统论证工作少走弯路并取得比较好的结果,正确掌握系统论证的步骤和方法十分重要。系统论证主要解决建立新系统的必要性(立项论证)、需求、可行性、运用概念、系统战术技术指标的范围及其相互制约关系、总体方案初步分析筹划等。系统详尽权威的需求结论是论证的结晶。

1. 军事信息系统发展论证的主要步骤

论证的一般步骤是需求调研、收集资料、论证(各种模型、方法分析决策)、编写论证报告、组织评审、获得结论。这个过程自然是迭代的,如图6.3所示。

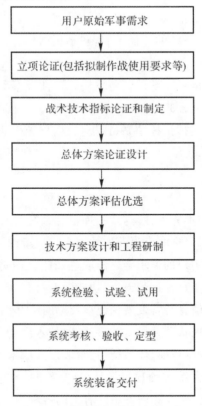

图6.3 发展论证迭代过程示意

---

① 辛时萱.指挥自动化装备发展论证研究[J].军队指挥自动化,2000年第1期

2. 军事信息系统发展论证的方法

论证的方法也是拿来主义,种类非常多,通常可以分为三大类:定性分析、定量计算和仿真模拟。仿真模拟已经成为极为重要的论证方法。仿真技术在指挥自动化领域中的应用目前有三种模式:计算机仿真(数学模型)、半实物仿真(系统试验床)和实物仿真(系统原型)。系统论证通常采用前两种模式,后一种模式常用于系统研制、作战模拟和军事训练。

需求调研是论证的基础阶段,主要是收集用户的原始需求和有关资料,重点要搞清楚系统建设的背景、依据和总目标。收集资料包括收集国内外资料,对资料应进行整理分类,便于论证时使用。论证是核心阶段,关键是要用正确的论证方法去搞好需求分析和需求确认,进行论证中的多次"迭代"。编写论证报告是出成果的阶段。论证者首先应理清思路,拟定报告撰写提纲,力求做到论点明确、论据充分、层次清楚、文字简练、图表数据正确、格式符合标准化要求。

在立项论证阶段,仿真模拟也可以用于风险评估,决定是否立项。通过仿真,从系统性能、费用、研制进度等方面对系统立项风险进行分析评估,以回答决策者提出的诸如"如果条件(时间、性能、经费)变化……,结果会怎么样"等问题,通过重复仿真,可以给出各种不同的结果,提供给决策者作为决策参考(决定该项目是否立项)。

在战术技术指标论证中,对提出的战术技术指标进行作战效能模拟,可以得知其是否满足作战使用要求;同时通过仿真模拟,对指标的合理性、指标之间的匹配和制约关系进行分析,可以使指标得到整体优化。

在总体方案论证、设计、评估、优选中,进行半实物仿真,可从性能、经费、时间、实用性等方面,对几个系统备选方案的效费比进行分析评估,有利于改进设计,并最终选择最佳方案。对于军事信息系统等这样一类大系统的论证,定性、定量和仿真模拟三种方法都要用到,最需要的是仿真模拟,因为它直观、灵活、效率高并能反复使用,能给出比较完整、合理、科学和正确的论证结论,已成为论证者不可缺少的手段和方法。利用上述方法,可以把用户最初提出的模糊、不确定的原则性需求,确定为明确、定量的作战使用要求,并进一步转化为系统功能和战术技术指标。

6.2.3 军事信息系统需求工程

有资料表明,在一个军事信息系统的建设过程中,在需求分析阶段检查和修复一个错误所需的费用只有系统实施阶段的 1/10~1/5,而到了使用阶段,检查和修复一个错误所需的费用则可能超过需求分析阶段的 100 倍。由此即可看出需求论证的重要性。需求分析论证是军事信息系统建设过程中必须面对的复杂持久问题。而解决这些问题的一项关键技术,就是军事信息系统需求工程技术[1]。

1. 军事信息系统需求工程的概念

军事信息系统需求工程是指以军事信息系统遂行的作战使命为牵引,以军事指挥人员、信

---

[1] 张维明,等.军事信息系统需求工程[M].北京:国防工业出版社,2011 年 3 月:3

息规划人员、系统设计人员和技术人员为分析主体,以科学的需求开发理论为指导,以规范的需求开发工具为手段,对军事信息系统进行需求分析,确定系统建设目标及用户需求,系统地描述待开发军事信息系统的功能特性、行为特征及其相关约束,并用规范化文档形式描述出来,帮助军事信息系统分析设计人员理解问题并定义目标系统的所有外部特征的一门学科。它主要用于解决军事信息系统建设需求论证的相关问题[①]。

2. 军事信息系统需求工程的组成和过程

军事信息系统需求工程的组成和过程框架分别如图6.4和图6.5所示。

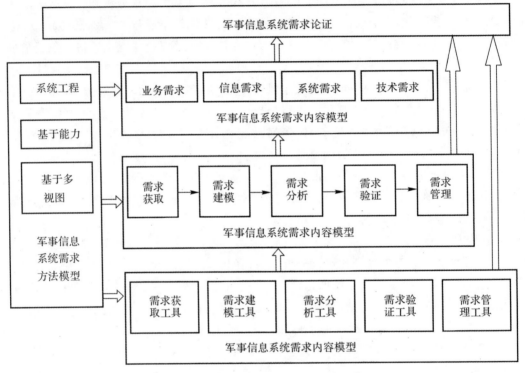

图 6.4 军事信息系统需求工程的组成

3. 军事信息系统需求获取

需求获取是需求工程师通过各种方法与策略从不同渠道收集需求信息的过程,这一过程是发现需求活动的集合,由需求分析师与领域用户、系统设计人员相互协作,共同确定系统的目标、功能、性能以及相应的约束等。实际上,需求获取是一个信息收集的过程[②]。

4. 军事信息系统需求建模

军事信息系统需求模型在需求工程中起着承上启下的重要作用,它既是对原始需求进行分析后所得结果的规范化描述,也是后续需求验证和管理工作的前提和依据。模型化的系统需求文档也是转入系统设计、编程实现和测试评价的基础,而且在系统开发、运行和维护的过

---

① 张维明,等.军事信息系统需求工程[M].北京:国防工业出版社,2011年3月:24
② 张维明,等.军事信息系统需求工程[M].北京:国防工业出版社,2011年3月:54

程中,必须能够对其进行修改、跟踪、验证和使用。

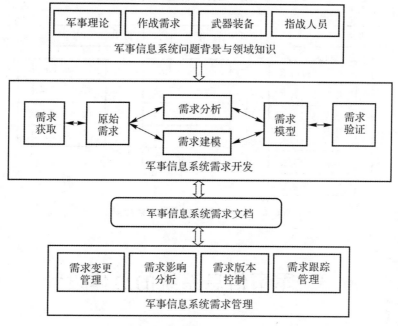

图 6.5 军事信息系统需求工程的过程框架

军事信息系统需求建模则是以需求内容模型为基础,将各类需求以需求产品的形式进行组织、描述,最终形成军事信息系统需求的描述文档。

军事信息系统需求建模的过程其实就是需求产品模型构建的过程,需求产品模型通常采用规范的外部图形化描述和严格的内部形式化描述相结合的方式。一方面,图形化的描述有利于军事人员和技术人员沟通和理解,简化需求分析的过程;另一方面,形式化的描述有利于进行需求产品的完备性、一致性、正确性等方面的验证[1]。

5. 军事信息系统需求验证

需求验证是需求分析人员采用一定的分析方法和工具,以需求模型为基础,在客户、用户以及领域专家的共同参与下,通过一系列的检查、比较、验证和调整等活动,分析并确定需求规格说明的一致性、完整性、有效性和可行性,最终得到优质需求的有序过程。

6. 需求管理

典型的军事信息系统需求管理过程包括变更管理、变更分析、版本控制和需求跟踪等四个部分。

7. 指挥信息系统需求输出

指挥信息系统需求的描述框架如图 6.6 所示。

---

[1] 张维明,等.军事信息系统需求工程[M].北京:国防工业出版社,2011 年 03 月:60

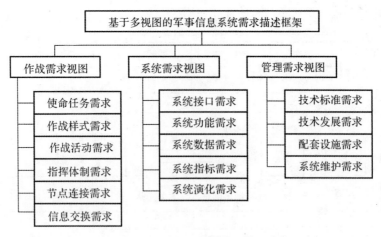

图 6.6 指挥信息系统需求描述框架①

6.3 军事信息系统的总体设计

系统设计主要包括总体设计和详细设计两个层次的活动。军事信息系统总体设计的主要内容包括软件总体结构设计、信息系统体系结构设计、计算机硬件、软件和网络配置方案设计；详细设计包括代码设计、数据库设计、输入/输出设计、控制设计、程序设计等。

总体设计是需求分析的有机继承和发展。军事信息系统建设总体设计对于系统的成败具有决定性影响。

6.3.1 军事信息系统总体设计的内容

系统总体设计需要对军事信息系统建设的组织领导、目标途径、理论研究、装备发展、编制体制和人才培养等重大问题，进行通盘考虑、统筹规划和宏观指导。从技术和作战两个方面，组成结构合理的专家组，负责制定总体方案——总体设计的主要输出。总体方案的主要内容应包括：总体目标、任务分配、阶段划分、技术手段、体制标准、规章制度等。总体方案对于军事信息系统建设具有最高的权威性，无论是战略级、战役级还是战术级的子系统，都必须按照总体方案的总体目标和总体规划建设，采用总体方案统一的体制和标准，确保军事信息系统集成为高度一体化的大系统②。

军事系统总体设计的内容主要包括：系统总体结构设计、系统战术技术指标分析、系统的体系结构、战术和技术分系统的划分、系统的技术体制、系统的信息关系、各分系统的体系结构和构成方法、系统主要设备配置、系统标准化大纲、系统研制进度计划、系统研制经费估算以及决策分析与效益评估等。对于不同层次、不同规模的军事信息系统，总体设计的内容和重点将

---

① 罗雪山,陈洪辉,等.指挥信息系统分析与设计[M].长沙:国防科技大学出版社,2008年9月:63
② 袁军.浅谈军事信息系统建设[J].军队指挥自动化,2013年第3期

有所不同。总体设计的工作步骤如图 6.7 所示。需求分析可以参考装备需求分析的一般步骤进行。

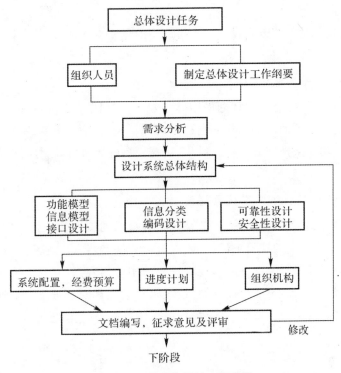

图 6.7 系统总体设计工作步骤

1. 确定系统设计的依据

系统设计的主要依据是系统的预定目标。系统的预定目标由军事决策、管理、使用部门根据军事需求分析提出。预定目标要尽可能详尽地规定系统的预期性能指标,作为设计中的技术要求。

规定系统的工作范围是系统设计的依据之一。即规定系统的服务对象、规模,制定系统设备使用规划,并初步确定系统的建设周期及其进度计划。

对于不能提出准确要求的指标,也应由使用、决策、管理部门提出原则性的基本设想,作为设计中的指导方针,如系统的可靠性、生存能力以及在安全保密上可能达到的程度等。

2. 设计系统体系结构

信息系统体系结构有如下类型:①集中式结构;②分布式结构。信息系统开发中最常用的分层软件架构模式中典型的代表是客户机/服务器(Client/Server,C/S)和浏览器/服务器(Browser/Server,B/S)。现代信息系统的部件通常分布于多个计算机系统和不同的地理位置上。所以客户机/服务器结构是当前分布式信息系统资源的主要结构模式。

3. 构思画出系统设计流程图

把整个系统的管理及其结构部分按其工作顺序进行排列,根据各部分的任务、性质,用信息流线连接起来,形成系统设计流程图,用来研究各条路径上的信息分布,分析设计工作步骤。这种系统设计流程图要把确定总体方案的主要工作内容、步骤体现出来,根据需要还可以画出数个分系统的设计流程图。

画系统设计流程图是总体方案设计中不可缺少的重要步骤,它也是在设计中规划工作、发现问题、修改计划的有力工具。

4. 确定系统"黑箱"的内部结构

输入、输出内容一经确定,就要计划采用哪些方法、应用哪些技术来将输入条件转变为输出结果,也就是确定"黑箱"的内部结构。在确定内部结构时,通常要考虑以下几点:采用何种技术、设备来实现将输入条件转变为输出结果;现有设备有哪些可以利用;设备的兼容、通用和经济性;设备的应用开发;等等。

5. 确定各分系统的工作内容、范围和进度

系统是由很多职能分系统组成的,各分系统都有自己的特点并执行特定的任务。实际上每个分系统是作为一个独立的项目来研制的,在设计方法和步骤上与总体设计大体相同。在具体做法上要根据分系统的任务、性质来规划系统的实施内容、步骤和完成时间,对于可与若干分系统共享其设备的系统,更要全面规划,按缓急程度合理安排进度。如通信系统、信息处理系统等,凡共享这些设备的分系统,都要采用同一计算机语言、信息处理方式、传输方式和通信规程等。

6. 划分实施阶段

军事信息系统是一个十分复杂、庞大的综合系统,建设周期较长,不可能全面同时并进。因此,要根据本系统的任务、经费、建设周期划分为若干阶段。分段实施是通常采用的做法,建设一段,使用一段,有利于充分发挥每一阶段的建设效益。

7. 进行系统运行检验

在某一阶段的工作或某一系统完成后,应进行系统运行检验,以确定是否达到设计要求,并通过运行发现问题,改进设计,使之逐步达到设计要求。检验的项目是根据系统的总目标、设计要求和分系统的任务来确定的,下述内容应包括在检验清单内。

(1)技术设备工作的稳定性、可靠性。主要检验设备的精度、运行速度和差错率等。

(2)分系统的功能。即检验分系统完成特定任务的能力,如信息处理系统的实际处理能力、质量是否达到要求,计算机辅助决策的效率等。

(3)系统的联机运行状况。即按照总的设计要求,检验在一个完整的指挥过程中,系统在搜集情报、信息传输、辅助决策、下达指令、信息反馈等方面达到要求的程度和存在的问题。

(4)其他方面。检验各种辅助系统、备用系统设备的性能、可靠性等是否达到设计要求。

8. 进行总体方案的可行性分析

可行性分析是总体方案设计中至关重要的部分,进行可行性分析的目的在于确定方案能否成立,以作为指挥机关决策的依据。

一个庞大、复杂的军事信息系统的可行方案会有很多个,它们之间的优劣程度可能相差很大。因此，按方案的优劣，通常可以划分成可行、满意和最优方案。选择最优方案可以进一步提高系统的效能、节省经费。方案的可行性分析是基础，满意或最优方案是对众多可行方案进行分析、论证之后产生的。

可行性分析要考虑两方面的问题：一是总体方案要符合实际。如现行指挥系统的状况，武器的信息化程度，现有技术条件，部队人员的素质以及可能使用的经费等要符合实际。二是权衡系统带来的利弊关系。采用信息系统无疑会大幅度提高指挥效能，为部队的作战指挥、训练以及管理的优化提供有利条件。同时也要看到军事信息系统建设需要较长的周期和较多的经费，系统的维护将更为复杂和费时，系统的技术性强，训练上要求高、难度大。

在现代软件开发环境和工具的支持下，极限编程、敏捷开发、开发人员与用户的尽早深度合作等也颇有成效。在获取用户体验、验证用户需求、沟通技术和军事之间的隔阂等方面得到越来越广泛的运用。

6.3.2 军事信息系统总体技术工作流程

军事信息系统工程的核心技术包括需求工程技术、体系架构技术、建模技术、仿真技术、优化技术、决策分析技术等。在每一个(分)阶段都要反复选择和运用这些技术。信息系统工程总体技术工作流程如表6.1所示。

表6.1 信息系统工程总体技术工作流程

阶段	分阶段	主要任务	主要技术工作
规划预研阶段	规划	确定任务、作用	概念研究
		系统组成、网络布局等	任务、要求论证，初步方案设想
	预研	确定并落实关键技术项目及其关键技术	1.关键技术项目和关键技术论证 2.落实关键技术项目及关键技术预研
方案阶段	工程现场勘查	选址勘查	1.制定工程勘查技术大纲 2.选定台站人位置和基本布局
		工程勘查	1.制定工程勘查技术要求 2.初步确定网络系统台站机房布局等
	制定方案	可行性论证	初步技术方案论证
		制定技术方案	制定技术方案审察和评审通过
	方案落实	设备落实	1.提出设备配套表和设备研制任务书 2.签订技术协议和经济合同等
		技术协调	提出系统设备接口技术约定
		落实基建等技术要求	1.提出基建技术要求 2.落实安装等工程技术要求和方案

续表

阶段	分阶段	主要任务	主要技术工作
工程实施阶段	工程实施	基础扩初设计配合	参加基础扩初设计配合与审察工作
	设备验收	设备出厂验收	1. 提出设备验收技术大纲 2. 完成验收工作
		做好部署、安装、调试、测试、开通技术准备	1. 提出信息系统联试、联调技术大纲 2. 准备仪器仪表和确定记录项目
	现场部署安装调试开通	部署、安装、调试、测试、开通	设备部署、安装、调试、测试、开通试运行
		分系统调试、测试、开通	分系统安装、调试、测试、开通试运行,整理分系统竣工技术文档
系统运行和移交阶段	系统开通测试	全系统开通、测试	分系统开通、测试和结果评审,整理全系统竣工技术文件
	全系统试运行	全系统试运行	全系统试运行测试,记录结果,进行系统工程评审
	系统移交	通过全系统试运行,评审通过,办理移交手续	办理售后服务协议和移交竣工技术文件
总结阶段	技术总结	进行军事信息系统工程的全面总结	提出技术总结报告,做好文件归档工作

6.3.3 信息系统监理

信息系统工程监理是第三方独立机构在信息系统工程业务过程中实施规划与组织、协调与沟通、控制、监督与评价方面的职能,其目的是支持与保证信息系统工程的成功。信息系统工程监理是在信息系统建设过程中给用户提供建设前期咨询、信息系统综合方案论证、系统集成商的确定和网络质量控制等一系列的服务工作,帮助用户建设一个性价比最优的网络系统。

信息系统工程监理涉及的领域众多,几乎涵盖了整个信息系统以及有关计算机和信息化建设的项目和工程。信息系统监理的主要业务范围有信息网络系统,信息资源系统,信息应用系统的新建、升级和改造工程,涵盖计算机工程、网络工程、通信工程、结构化布线工程、智能大厦工程、软件工程和系统集成工程,以及有关计算机和信息化建设的工程及项目。

信息系统工程监理的内容包括项目管理、业务、组织、应用、IT架构和运营六个方面。信息系统监理内容既应涵盖技术开发层面,又要针对项目管理,两方面相辅相成,缺一不可。整个监理过程涵盖信息化建设项目的整个生命周期,包括从立项招投标、需求分析、总体方案设计,到应用系统开发、系统安装实施,直至系统测试、验收的全过程[1]。

6.4 系统详细设计与实现

6.4.1 系统详细设计的主要工作

总体设计负责构建系统整体框架,详细设计是为系统的每项具体任务选择适当的技术手段和处理方法。系统详细设计与实现可以从不同角度阐述。

详细设计要考虑各个方面和部件内部细节的方案,诸如系统的输入输出设计、用户界面设计(人机对话)、数据库设计、程序处理过程设计、网络系统设计、安全性设计等方面的内容。系统详细设计的架构如图 6.8 所示。

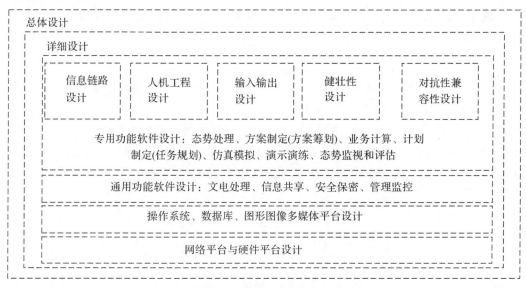

图 6.8 系统详细设计的架构

基于信息系统的功能流程,军事信息系统详细设计可以进一步细分为信息获取、信息传输、信息处理运用(包括信息显示、信息对抗等)、辅助决策与决策支持等分系统设计。

每一类分系统包括数据库设计、代码设计、用户界面设计(人机对话)、输入输出界面设计、处理功能设计、健壮性设计、容错设计、灾难恢复设计等功能模块。软件系统(包含数据库等)设计开发是其中的关键工作。详细设计的结果是给编写代码的程序员一个清晰的规范说明。

以指挥控制系统为例,在基本的硬件软件和信息处理平台上,主要围绕指挥控制的业务功能,开展系统详细设计和实现。其主要包括:文电处理功能、信息共享功能、安全保密功能、管理监控功能、态势处理功能、方案制定(方案筹划)功能、业务计算功能、计划制定(任务规划)功

---

[1] 唐九阳,等.信息系统工程[M].3版.北京:电子工业出版社,2014年9月:170-171

能、仿真模拟功能、态势监视和评估功能等。其中,大多数功能又可以纳入决策支持或者辅助决策功能。

硬件软件平台包括设施设备、计算机、网络、操作系统、数据库、多媒体等软硬件平台。平台更多的是选择。

相对于应用软件系统开发,软硬件平台的难度、复杂度和投入所占比例已经越来越轻。因此,后续主要针对应用软件系统而展开。

6.4.2 信息功能设计

1. 信息获取

军事信息的获取可以来自陆、海、空、天、电、网,以及人。物理介质包括声、光、电、磁、热等。主要设备有雷达(相控阵雷达、单脉冲雷达、合成孔径雷达、多普勒、多基地雷达等)、光电设备(可见光、红外、紫外、高光普等)、声呐、磁敏感仪器、无线电侦听设备、导航装备(卫星导航、区域导航等)等。各类设备又可以分为若干系列。通过人机接口,广大指战员也产生信息进入指挥控制信息系统。

2. 信息传输

军事信息系统中的各级指挥所、各个信息节点在功能上各有隶属、各居其位,在地理上广域分布。信息传输主要依托军事通信网。

网络通信技术一般包括局域网、城域网、广域网、网间互联和网络管理等。局域网可以实现指挥所之间的信息互通。局域网、城域网、广域网一级网间互联实现区域内各个指挥所之间的信息互通。局域网可以经过城域网、军用网、自动化指挥网进行互联。机动指挥所还要有各种有线无线信道的接口。

指挥信息网主要包括骨干网、主干网、地区网、接入网四个层次,如图 6.9 所示。

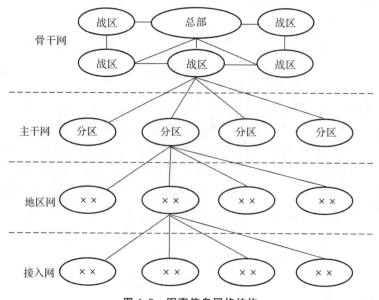

图 6.9 军事信息网络结构

现代军事通信是一个多样化、综合开放的大系统,已从单纯的信息传递扩展为信息提取、传递、交换、存储、控制一体化。现代信息化体系作战要求实现一体化的通信网络建设,必须建立覆盖全军各级各类指挥系统,提供多种业务和功能的软件系统。尽可能做到三军一体,战略、战役、战术一体,野固一体,指挥、情报、处理、侦察、电子对抗一体,与武器平台一体,军民一体。因此,通信网络建设必须考虑从水下、地面、空中多个方面,做到综合接入、传输、交换、管理/控制,逐步实现网络、业务、技术综合。军事通信特别要注意安全保密和信息对抗问题。在系统论证、设计、建设、使用等各个阶段都要予以足够的关注。

3. 信息融合

军事信息系统获取的信息一般是二次以上信息。首先要进行信息融合。其次要根据预先确立的机制,进行信息推送分发。经过通信网络把信息发送给需要的节点或者终端。其中,信息融合是难点和重点。信息融合的质量往往决定了信息传输和分发的效果。信息融合流程及模型框架如图6.10所示。

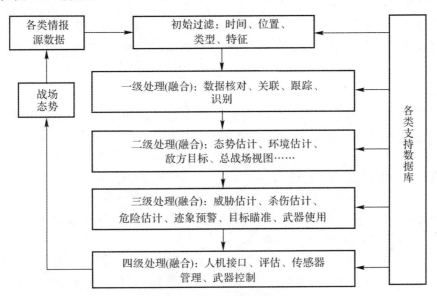

图 6.10 数据融合处理模型①

信息融合作为一种信息综合和处理技术,实际上是许多传统学科和新技术的集成和应用。其关键是数据相关、状态估计和目标识别:①主要的相关处理的算法有最近邻法则、最大似然法、最优差别、统计关联、联合统计关联、支持向量机等;②用于估计的算法有最小二乘法、最大似然法、卡尔曼滤波器法等;③用于识别的方法有贝叶斯方法、D-S证据理论、模糊集合理论、神经网络、支持向量机、专家系统等②。

4. 信息分发

信息分发是指信息的提供方根据信息的内容、类别及重要程度主动将信息发送给特定的信息需求方,信息的需求方处于被动的接收状态。实时性要求高,并且需求方比较明确的信息

---

① 竺南直.指挥自动化系统工程[M].北京:电子工业出版社,2001年1月:74
② 尤增录.指挥控制系统[M].北京:解放军出版社,2010年12月:62

通常采用这种方式,如气象水文实况、实时的海空情信息、各种突发情况等信息。

5. 信息检索

信息检索是指信息的提供方预先将信息资源存储在信息资源库中,信息的需求方可随时通过关键字、索引号等方式检索所需要的信息内容。比较稳定的、实时性不强的信息通常采用这种共享方式,如气候水文基础数据(各地区一年四季各种典型气象水文过程及统计分析结果)、军事地形(地形区域特征、区域纵/横向道路、适宜场所等)、战场设施、固定目标、兵要地志、作战理论、典型战例、法律法规、新闻舆论等信息。

6. 信息订阅

信息订阅功能是指信息的需求方预先向信息的提供方订制所需要的信息内容和格式,按照订阅约定,信息的提供方定期不定期地向信息的需求方发布相关的信息。周期性的信息通常采用这种信息共享方式,如气象水文预报、卫星侦察等信息[①]。

7. 文电处理

文电处理主要为军事指挥人员和参谋业务人员提供相关军用文书的处理能力,具体包括文电的起草、编辑、接收、发送、归档、删除及检索等方面的功能。文电是指挥命令下达的主要形式。

8. 信息管理

广义上讲,信息管理包括管理体制、信息开发、信息规范和综合组织、信息传输共享、服务应用、信息技术管理、安全控制、信息代谢等多方面内容。

6.4.3 数据库系统设计

数据被称为是信息化战争的"弹药"。数据是信息系统的基石。数据库设计关乎信息系统架构和细节,也是军事数据工程的重要活动。

建立一个完整、有效的数据库系统是项复杂的系统工程,要有步骤、有计划地实施。首先要建立一套有效的数据管理机构和科学的规章制度,要在现有的管理基础之上,调整健全各级数据管理机构,充实经过训练的数据管理人员,把快速数据管理纳入业务管理的工作范围。即要建立一套质量信息反馈制度。其次,要收集、整理历史数据资料。历史数据的收集、整理和分析,是构造数据库的一项重要工作,也是数据库构架的重要参考。即新旧结合,收集和处理新的数据。最后,在收集、处理基本数据的基础之上,抽象数据库结构,建立各类数学模型,利用数理统计的观点和方法,对这些数据进行分类、归纳、统计、转换等加工,编制计算机处理程序,进行数据挖掘,形成一套可以在网络上运行的数据库管理系统,并与其他应用模块有机铰链。

6.4.4 辅助决策与决策支持系统

辅助决策与决策支持系统是军事信息系统开发的重点和难点。

[①] 尤增录.指挥控制系统[M].北京:解放军出版社,2010年12月:35

1. 辅助决策与决策支持系统的功能

决策支持系统利用计算机运算速度快、储存容量大的特点，应用决策理论和方法以及心理学、行为科学、人工智能、计算机网络、数据库技术等，并根据决策者的决策思维方式，从系统分析角度出发，为决策者创造出一种决策环境，以支持决策人员分析和解决半结构化和非结构化的决策问题。对一些结构化问题，计算机系统也能够发挥远超人类能力的服务功能（比如信息记忆和检索）。

作战决策支持软件以人工智能的信息处理技术为工具，以数据库、数据仓库、专家系统、决策模型为基础，通过计算、推理等手段辅助指挥人员制定作战方案和作战保障方案。建立在专家系统之上的作战决策支持软件，继承了传统决策支持系统中数值分析的优势，也采纳了专家系统中知识及知识处理的特长，同时可结合数据仓库技术进行联机分析及数据挖掘，既可得到定性的结果，也可得到定量的答案。

作战指挥决策支持系统功能体系如图 6.11 所示。

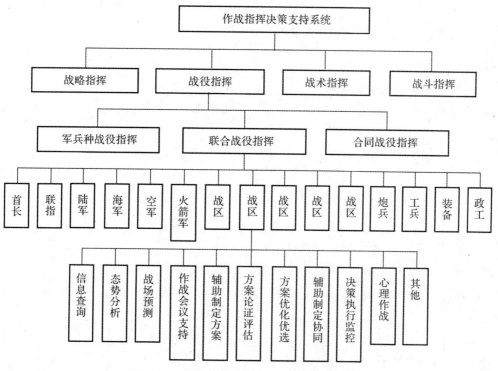

图 6.11　作战指挥决策支持系统功能体系①

2. 决策支持系统的结构

决策支持系统的一般结构如图 6.12 所示。

---

① 柳少军.军事决策支持系统理论与实践[M].北京:国防大学出版社,2005 年 10 月:332

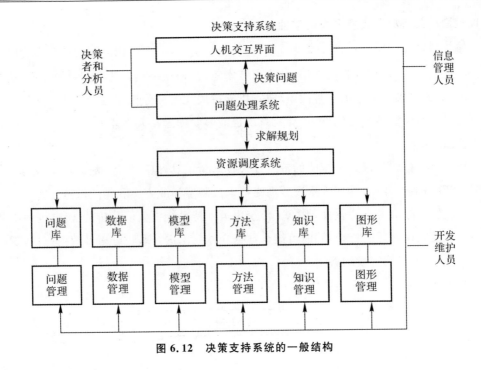

图 6.12 决策支持系统的一般结构

3. 决策支持系统的开发流程

决策支持系统的开发流程与军事信息系统开发流程相类似,如图 6.13 所示。

6.4.5 模型设计

绝大多数功能需要一系列的模型(模型体系,包括军事概念模型、数学模型、构件模型等)来支持。

军事信息系统的模型设计不仅是自身的模型,而是整个军事系统的模型。军事信息系统要对整个军事系统及其活动全程提供建模仿真分析决策的支持。

军事信息系统中模型体系的一个示例如图 6.14 所示(从不同角度,可以有不同的模型体系表达样式)。

6.4.6 软件设计

软件是系统功能的核心承载和直接体现。军事信息系统的软件架构和模块不尽相同,一般包括系统软件、支持软件和应用软件三大类,功能核心是应用软件。对于指挥控制信息系统,应用软件以模型体系为支撑,实现作战指挥人机交互、信息链路、决策支持、信息对抗等系统功能。

军事信息系统的软件组成示意图如图 6.15 所示。

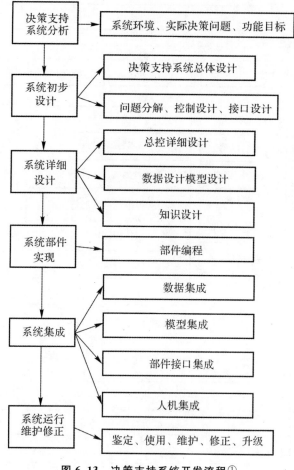

图 6.13 决策支持系统开发流程①

6.4.7 系统实现

系统实现的目的是研究构造组装信息系统技术部件,并最终使信息系统投入运行。其任务是根据系统设计所提供的控制结构图、数据库设计、系统配置方案及详细设计资料,编制和调试程序、调试系统、进行系统切换等工作,将技术设计转化为物理实际系统。对于信息系统,系统实施阶段包括的主要活动如下:

(1)编程。根据每一个模块的基本结构,用某种计算机语言编写程序代码。

(2)测试。测试是程序执行的过程,其目的是尽可能发现软件中存在的错误。测试包括模块测试、集成测试、系统测试等。

(3)用户培训。编写用户操作手册。

---

① 李照顺.决策支持系统及其军事应用[M].北京:国防工业出版社,2011年12月:355

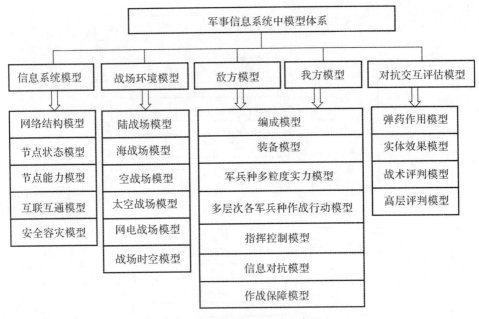

图 6.14 模型体系设计示意图

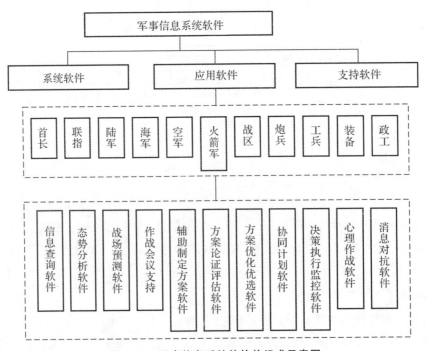

图 6.15 军事信息系统的软件组成示意图

(4)新旧系统之间的切换。这是新系统取代旧系统的一个过程,有两个方案可以选择:一个方案是用新系统直接取代旧系统,因为新系统中的错误是不可避免的,所以这种方案的风险较大。另一个方案是新系统和旧系统同时运行一段时间,新系统逐步取代旧系统,通常这是比较安全的一种方案。

6.5 军事信息系统集成

军事信息系统是软硬结合、人机互动、广域局域分布、流程交互复杂的大系统。同时,军事信息系统服务于整个军事大系统,要将各种军事要素围绕作战集成起来,发挥和提高效益。系统集成一直伴随军事信息系统的发展。

6.5.1 系统集成要素

军事信息系统集成要素如图 6.16 所示。

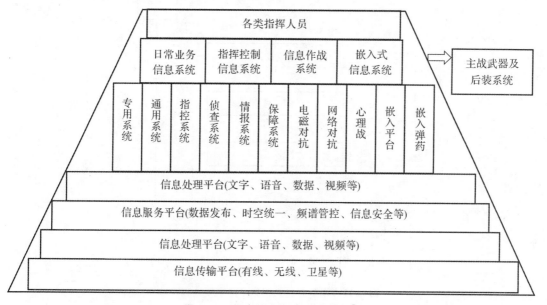

图 6.16 军事信息系统集成要素①

按系统分布式特征,军事信息系统集成要素又可以划分为:人机交互、终端系统、通信网络、信息节点、战场综合信息系统等。

6.5.2 系统集成过程

军事系统集成设计也贯穿于系统寿命周期,与寿命周期的主要环节信息相关。军事信息系统的综合集成是一个多次迭代,程序化的分析、综合和决策的过程,其基本过程主要分为三个阶段、七个步骤。军事信息系统集成的主要过程如图 6.17 所示。

---

① 周俊,丁国宁,戴剑伟.军事信息系统集成理论与方法[M].北京:解放军出版社,2008 年 7 月:170

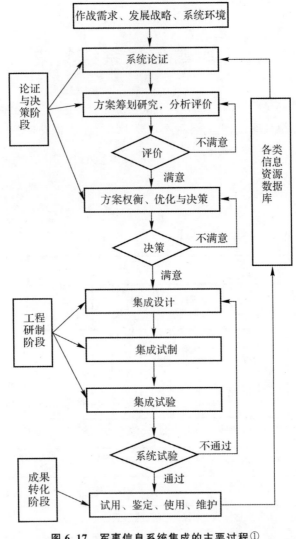

图 6.17 军事信息系统集成的主要过程①

6.5.3 系统集成内容

1. 一般信息系统集成内容

（1）运行环境的集成：主要是指将不同的硬件设备、操作系统、数据库管理系统、开发工具以及其他系统的支撑软件集成为一个应用系统，形成一个统一的、协调运行的应用平台。

（2）数据的集成：运用数据工程技术，使不同部门、不同专业、不同层次的人员，在信息资源方面达到高度的共享。

（3）应用功能的集成：就是在运行环境和信息集成的基础上，按照用户要求建设一个满足

---

① 周俊，丁国宁，戴剑伟.军事信息系统集成理论与方法[M].北京：解放军出版社.2008年7月：173

用户功能需求的完整的系统。应用集成和业务集成实现的方法为 API 调用、业务组件调用以及基于服务功能调用三种。在技术实现上,当前有微软的 COM、DCOM、COM＋,OMG 的 CORBA,以及 Java 的 ETB 组件标准等。信息技术的发展日新月异,也存在功能、费用、效益的综合权衡。

(4) 人机组织的集成:指实现人机的最佳结合。当前,无人化、智能化迅猛发展,人机组织的集成与技术进展和运用水平密切关联,也成为军事信息系统集成中的一个热点课题。

2. 军事信息系统系统功能集成

军事信息系统系统功能集成包括预警探测、作战指挥、武器控制、作战保障、安全保密等。以系统集成思维指导军事建设和信息化战争,就是要以信息集成为核心,以武器集成为基础,以编制集成为保障,以作战集成为归宿,通过思维的引导、谋划和设计,对各军事子系统和要素及其相互关系进行一体化整合,使之成为牵一发而动全身的知识化、智能化、一体化的军事系统。

军事信息系统功能集成以作战集成为归宿。作战集成就是在信息集成、武器集成、编制集成的基础上,强化作战行动各要素、各阶段、各方面的协调及一体化互动,使作战效果达到最优。作战集成不仅是系统集成的重要内容,也是系统集成的落脚点和归宿。

6.6 系统运行管理和维护

信息系统通过了验收测试,就可以着手投入使用。这个过程一般要经过用户培训、系统转换和系统运行几个步骤。信息系统产品交付使用后,信息系统进入运行与维护阶段,此阶段的主要任务是进行系统的日常运行管理,评价系统的运行效率,并根据运行中存在的问题对系统进行维护和处理。

6.6.1 系统运行管理

系统运行管理包括节点管理、网络管理、数据库管理、安全管理、频谱管理等。节点管理:场地和各种设施设备资料的管理维护。网络管理:网络管理功能基本上是可以做到与具体的业务网无关的。有关的国际标准化组织提出了一组各种网管系统共同的管理功能,主要包括:性能管理、故障管理、配置管理、账务管理和安全管理。在军事信息系统网综合节理系统中,结合军队信息系统网带理的实际以及通信指挥的需要,系统管理功能则可更进一步拓展为拓扑管理、任务管理、系统管理和用户管理等功能。数据库管理:负责数据库的服务运用、更新、恢复等。

6.6.2 系统维护

系统维护的目的是对系统进行维护,使之能正常地运作。系统维护是一个再造软件工程的过程(包括逆向软件工程和正向软件工程)。系统维护包括硬件维护、软件(程序)维护、代码维护、数据维护四个方面的内容。系统维护的类型包括校正性维护、适应性维护、完善性维护和预防性维护。

6.7 军事信息系统安全

信息安全具有战略地位,且其地位日益凸显。军事信息系统的安全无疑是一个生死攸关的问题,包括军事信息系统本身的安全和信息安全两个密不可分的层面。军事信息系统的安全是在军事信息系统寿命周期每一个阶段都应注意的问题,否则可能为安全付出极大的代价。信息安全、网电空间安全、网电空间对抗是一个非常专业的领域,需要专门人才予以持久、深入研究。这一领域美国遥遥走在世界前列。

6.7.1 军事信息系统安全的含义

在信息化战争中,军事信息系统将整个作战空间构成一体化的网络,实现了作战指挥自动化、侦察情报实时化和战场控制数字化,大幅地提高了军队的作战能力。但是,网络系统特别是无线网络的互连性和开放性不可避免地带来系统脆弱性问题,使其容易受到攻击、窃取和利用。在军事斗争中,摧毁和破坏对方的军用信息网络系统,成功地窃取和利用对方的军事信息,就会使其联络中断、指挥控制失灵、协同失调,进而夺取战场信息的控制权,大大削弱对方军队的作战能力。

军事信息安全的功能主要是防止军事信息系统的软硬件资源受到破坏、信息失泄(窃)或遭受攻击,采取物理、逻辑以及行为管理的方法与措施,以保证军事信息系统可靠运行与数据存储、处理的安全;防止敌对国家利用信息技术对本国的国防信息系统进行窃取、攻击、破坏,包括防止对方利用信息技术窃取国防情报、垄断军事信息技术、攻击和破坏国防信息系统、夺取战场制信息权等[1]。

6.7.2 军事信息系统安全技术

在当前的军事信息系统中,对信息的安全防护主要是通过多种安全保密技术,保障军事信息的机密性、完整性、可用性、可控性和可审查性。主要的安全保密技术包括:信息保密技术、信息认证技术、数字签名、访问控制技术、密钥管理技术、虚拟专用网技术、防火墙技术、入侵检测技术、病毒防护技术、信息安全管理技术等。

指挥控制信息系统中使用的安全保密软件主要包括信息加/解密软件和网络安全软件。信息加/解密软件包括无线加/解密软件、终端加/解密软件。信息加/解密软件应该符合国家和军队的安全保密要求、规范和标准,能实现不同的加/解密系统间的互连、互通。

网络安全软件包括防病毒系统、防火墙、入侵检测系统、漏洞扫描系统、数字签名与安全认证系统等。其用途包括:用于软件安全,如保护网络系统不被非法侵入,系统软件与应用软件不被非法复制、篡改,不受病毒的侵害等;用于网络数据安全,如保护网络信息的数据不被非法

---

[1] 苏锦海,张传富.军事信息系统[M].北京:电子工业出版社,2010年10月:330

存取,保护其完整一致等;用于网络安全管理,如运行时突发事件的安全处理等,包括采取计算机安全技术、建立安全管理制度、开展安全审计、进行风险分析防控等[1]。

6.8 信息对抗

6.8.1 信息对抗的类型、样式

现代战争的六维空间——陆、海、空、天、电、信息(网络)中,信息贯穿全域、全维、全程。当然对战场而言,当前"电磁"依然是信息对抗的主体,但是计算机网络和信息构件已经普遍渗透。信息时代,信息战已经进入实用。信息战是信息化战争的基本作战样式和作战的重心之一。"制电磁权""制信息权"是现代战争特别是高技术条件下局部战争必争的"制高点"。制信息权是制空间、制空、制地和制海权的前提和先决条件。

信息对抗必须依赖于信息系统、信息装备和信息手段方法。因此,在军事信息系统设计构建伊始,就应该考虑信息安全和信息对抗的问题。

按作战功能,信息战可分为电子战、情报战、计算机网络战、心理战等。

按作战性质,信息战可分为进攻信息战和防御信息战。

按作战层次,信息战可分为战略信息战、战役信息战和战术信息战。

信息攻防的基本结构如图 6.18 所示。

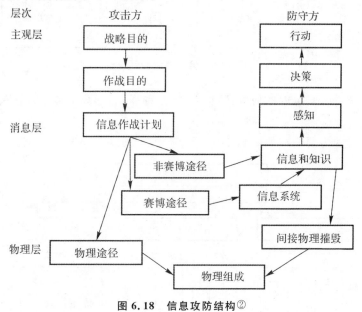

图 6.18 信息攻防结构[2]

---

[1] 尤增录.指挥控制系统[M].北京:解放军出版社,2010 年 12 月:52
[2] 吴晓平,等.信息对抗理论与方法[M].武汉:武汉大学出版社,2008 年 8 月:31

6.8.2 信息对抗系统

信息对抗(也称为信息战)系统的基本组成为:指挥控制子系统、预警探测子系统、情报侦察子系统、电子战子系统、军事通信子系统、导航子系统、空中交通管制子系统和后勤保障指挥子系统等。

信息战系统的基本平台是综合电子信息系统(也可以看作是军事信息系统)。综合电子信息系统是 C^2、C^3、C^3I、C^4I、C^4ISR 等系统的综合和统一,也是信息技术应用的高级阶段。综合电子信息系统通过信息基础结构和专用信息系统的综合集成、信息功能的全域全程的综合集成、诸军兵种各类军事信息系统的综合集成、军事信息系统与软硬武器平台的综合集成、军事信息系统和民用信息系统的综合集成,实现指挥、控制、通信、计算机、情报、监视、侦察、反情报、导航定位、公共信息管理,成为信息作战的强有力的手段和作战平台。

信息战武器系统如图 6.19 所示。

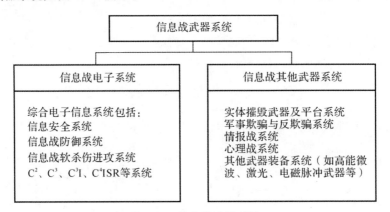

图 6.19 信息战武器系统

信息对抗系统进一步可以按侦察、防护、进攻三种样式,划分为雷达、通信、光电、网络等分系统的对抗等。

信息对抗系统的主要构成如图 6.20 所示。

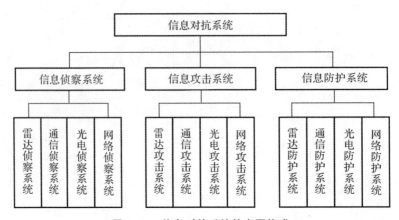

图 6.20 信息对抗系统的主要构成

6.8.3 电磁对抗

电磁对抗,美国及北约国家称之为"电子战",苏联称之为"无线电电子斗争",我国称之为"电子对抗"。

电磁对抗的实质是电磁领域的斗争,反映战场上电磁与信息流通和抑制的基本规律,是敌我双方为争夺电磁频谱的控制权(即制电磁权)所展开的斗争。制电磁权,是指在一定的时空范围内对电磁频谱的控制权。掌握了制电磁权就意味着己方能自由使用电磁频谱,不受对方的电磁威胁;同时剥夺了对方自由使用电磁频谱的权利。

按技术应用,电磁对抗可分为雷达对抗技术、无线电通信对抗技术和光电对抗技术,另外还有导航对抗、制导对抗、敌我识别对抗、无线电引信对抗、遥控遥测对抗和 C^4ISR 对抗等。随着电子技术应用的扩展,新的对抗领域还会出现。

按作战应用,电磁对抗可分为:电磁侦察与反侦察技术、电磁干扰与反干扰技术、电磁兼容和电磁摧毁与反摧毁技术。

综合电子战是当前军事运用的主要形式和发展趋势。综合电子战系统是由陆、海、空、天等平台构成的,适用于三军协同作战的电子战装备体系。该系统以电子侦察情报为基础,在战场指挥员的控制和指挥下,实施三军一体的电子战综合作战活动。战场指挥员通过电子战作战指挥中心,统筹管理、综合运用各种电子战兵器,攻击敌方攻防体系的关键性薄弱环节,对敌指挥控制系统、探测预警系统和武器制导系统实施软杀伤(电子干扰和电子欺骗)、硬摧毁(反辐射武器攻击和定向能致盲),形成局部电磁斗争优势,以执行各种电子战斗任务,最大限度地降低和削弱敌方战斗力,保证己方攻防作战的胜利[①]。

6.8.4 计算机网络对抗

信息对抗包括多个领域的对抗,网络领域对抗是信息对抗的核心。从广义讲网络领域对抗可以将其他领域对抗包含其中,构成一个用于对抗的网络体系。从狭义讲,网络对抗指计算机对抗。无论从哪个方面考虑,网络领域对抗都是极其重要的。当前网络领域对抗多指计算机网络领域,计算机网络对抗也包括攻防两种样式。根据网络作战的目标范围,网络对抗包含四个层次:第一层次,实体层次的计算机网络对抗;第二层次,能量层次的计算机网络对抗;第三层次,信息层次(逻辑层次)的计算机网络对抗;第四次,认知层次(超技术层次)的计算机网络对抗[②]。

6.8.5 赛博空间对抗(赛博战)

赛博空间主要由电磁频谱、电子系统以及网络化基础设施三部分组成。赛博空间可以为人类社会提供各种基本的重要服务,但同时,由于它本身固有的脆弱性和所存在的一些漏洞,

---

① 吴晓平,等.信息对抗理论与方法[M].武汉:武汉大学出版社,2008 年 8 月:69
② 吴晓平,等.信息对抗理论与方法[M].武汉:武汉大学出版社,2008 年 8 月:199

也很容易被一些恶意软件钻空子,成为其攻击的目标。美国前任空军参谋长迈克尔·莫斯利曾经开玩笑说,赛博空间囊括了从直流电到可见光波的一切东西[①]。赛博空间是网络空间、电磁空间、各种社会控制网络的综合与拓展。

赛博空间对抗就是敌对双方在赛博空间展开的一种的攻击战和防御战。赛博战将改变21世纪的战争。由于赛博战的无界性、高技术性和不对称性等特点,美军已将是否能够主宰赛博空间上升到关系国家安全的战略地位。

6.9 军事数据工程

6.9.1 数据工程技术

数据工程是一项基础性的信息系统工程,它是在数据的生产和使用上对软件工程的重要补充。从应用的观点出发,数据工程是关于数据生产和数据使用的信息系统工程。数据的生产者将经过规范化处理的、语义清晰的数据提供给数据应用者使用。从生命周期的观点出发,数据工程是关于数据定义、标准化、采集、处理、运用、共享与重用、存储和容灾备份的信息系统工程,强调对数据的全要素、全周期、全方位管理。

6.9.2 军事数据分类

军事数据是数据的一个重要领域。数据的其他领域有经济数据、文化数据、交通数据、科学数据、国际关系数据、环境资源数据、人口数据等。作战数据是军事数据的一个重要分支。军事数据的其他分支有军事教育数据、军事医学数据、编制员额数据、战争潜力数据、国防动员数据、军事历史数据等。军事数据还可根据军种划分为陆军数据、海军数据、空军数据。在数据的不同领域之间,以及军事数据的不同分支之间,存在着交叉渗透的关系,不能截然割裂开来。

作战数据细分下去,根据其来源可划分为实战数据、训练数据、实验数据、试验数据等;根据其用途可划分为指挥数据、研究数据、教学数据、论证数据等;根据其内容可划分为作战环境数据、兵力机动数据、侦察探测数据、火力使用数据、指挥决策数据、保障勤务数据等。此外,还可按照功能对其进行划分。

6.9.3 数据工程内容

军事数据工程理论研究的基本内容包括数据概念、数据体系、数据来源、数据采集、数据统计、数据分析、数据结构、数据加工、数据产品、数据管理、数据应用等方面。

(1)数据概念。这是数据工程的逻辑起点,主要研究数据定义、数据与相邻概念(信息、情报、资料)的关系、数据分类、数据属性、数据寿命周期等方面内容。

---

① 李补莲.漫谈"赛博"[J].国防技术基础,2015年1月

(2) 数据体系。这是数据工程研究对象的主体部分。作战数据体系包括：作战环境数据、兵力机动数据、侦察探测数据、火力使用数据、指挥决策数据、保障勤务数据等。

(3) 数据来源。这是数据工程的上游部分。作战数据来源主要包括：来自实验的数据、来自试验的数据、来自训练的数据、来自实战的数据、来自其他途径的数据。

(4) 数据采集。这是数据工程中衔接数据来源和数据分析、数据加工的环节。作战数据采集涉及的内容主要有：数据采集与处理的技术概念、采集系统常用传感器、信号采集与信号调理技术、数据采集常用电路、计算机接口与数据采集、数据采集系统的抗干扰技术、使用工具进行数据采集与处理等。

(5) 数据统计。这是数据工程基于数学方法的基础理论部分，它既是一项具体的统计工作和实践活动，是对客观事物和现象数量方面进行搜集、整理和分析工作的总称，又是一门阐述统计理论和方法的科学。

(6) 数据分析。这是数据统计的一个重要阶段，它是指用适当的数学方法对收集来的大量第一手资料和第二手资料进行分析，以求最大化地开发数据资料的功能，发挥数据的作用；是为了提取有用信息和形成结论而对数据加以详细研究和概括总结的过程。数据分析的目的在于把隐没在一大批看来杂乱无章的数据中的信息集中、萃取和提炼出来，以找出所研究对象的内在规律。

(7) 数据结构。数据结构是指相互之间存在一种或多种特定关系的数据元素的集合。通常情况下，精心选择的数据结构可以带来更高的运行或者存储效率。数据结构往往同高效的检索算法和索引技术有关。数据结构是数据对象，以及存在于该对象的实例和组成实例的数据元素之间的各种联系。这些联系可以通过定义相关的函数来给出。

(8) 数据加工。这是数据工程中人与计算机相结合进行数据处理的理论与方法。数据加工的主要研究内容包括数据建模、数据标准化、数据保存、数据清理等有关理论和技术[1]。

(9) 数据产品。这是数据工程的下游部分，数据产品是通过数据集成、数挖掘、数据服务、数据可视化、数据检索等手段，将数据转为信息或知识，辅助人们进行决策。数据产品研究的主要内容包括数据集成、数据挖掘、数据服务、数据可视化和数据检索的相关技术和方法。

(10) 数据管理。这是数据工程的综合部分，数据管理研究的主要内容包括数据仓库、数据迁移、数据整合、数据共享、数据清理、数据安全、数据质量管理、数据意识与数据中心等方面。

(11) 数据应用。这是数据工程的归宿。军事数据工程应用研究的主要内容有：军事数据工程技术在作战能力评估、国防建设指导、各军兵种、模拟训练、装备试验、作战实验、作战指挥中的应用研究，军事数据工程的价值、效益、作用、意义研究。在各军兵种的应用研究还可进一步深入细化[2]。

6.9.4 数据应用平台的建立

数据应用平台是关系到信息资源规划成果能否取得效益的重要步骤。按功能和部署地域，数据应用平台可以分为几个部分：①数据采集、提取和转换器，它部署在指挥的每一个终端

---

[1] 申良生，李进.靶场试验数据工程标准化建设研究[J].军用标准化，2014年第6期
[2] 林平，刘永辉，陈大勇.军事数据工程基本问题分析[J].军事运筹与系统工程，2012年第1期

上,它将核心数据模型各种各样的系统中的数据提取出来,并通过前面提到的元素、实体标准化部件完成标准转换(即使该系统是完全满足标准化实施的系统也需要这样的部件,因为标准化也在发展中);②数据的传输和同步构件,使数据呈现出分布式对象模型的特点,即一个逻辑实体几个物理存在(地域不同),同时这个部件也是一个自适应和自修复的部件,可以达到在网络70%被毁的情况下仍能有70%的传输作战能力;③数据的再融合和再提取部件,不同层次和方向的指挥员对同一个数据有不同的关注点,以合适的形式展现数据的每个方面可以大大地提高系统的辅助能力。

数据是分布式的,同时数据的需求者也是分布式的,统一管理分布式的数据和需求者,就需要一个强大的门户(信息中心域,如新浪网就可以看成一个门户,里面包含了关于汽车、房地产、军事、新闻等很多领域,所有的访问者都以这一个统一的入口进行访问)①。

因此,需要强化数据共享软件基础设施建设。例如建立数据共享所需的各种软件工具和服务,如数据抽取/转换/装载工具、数据分发/复制工具、数据一致性验证工具、元数据管理与访问工具、虚拟数据库中间件、数据访问服务、数据安全服务等②。

6.10 军用软件工程

军用软件通常是指应用于军用领域或用于军事目的的一类软件,具有军事装备的一般属性。军用软件工程是软件工程在军事领域的发展和应用。军用软件的特殊性主要表现在针对性、健壮性、安全性、保密性、对抗性、互联互通互操作性、实时性、发展性等方面③。军用软件工程是解决上述问题和困难的有效方法和手段。军用软件工程的基本目的是多快好省地实现软件开发。

6.10.1 软件工程基本原则

软件工程的七项基本原则如下④:
(1)生存周期原则:要把整个软件生存周期分为若干阶段,相应制定出切实可行的计划,并严格按计划对软件开发与维护工作进行管理;
(2)阶段评审原则:对每个阶段都要进行阶段评审,对评审的结果要进行验证和确认;
(3)产品控制原则:执行严格的软件产品控制,对软件开发过程实行基线配置管理,一切更改都需要严格按规程进行,获得批准后才能实施更改;
(4)先进技术原则:采用现代程序设计技术提高软件开发与维护的效率和软件产品质量;
(5)标准化原则:规定软件开发组织的责任、软件过程和软件产品的标准,使得软件成果能被清楚地审查;
(6)组织精干原则:软件开发组织的人员应尽可能地少而精;

---

① 曹罡.军事信息系统数据资源规划方法研究[J].自动化指挥与计算机,2008年第3期
② 覃春莲,刘东波.我军信息化建设中的软件工程与数据工程[J].军队指挥自动化,2004年第6期
③ 胡斌.军用软件工程与实践[M].北京:军事科学出版社,2014年5月:4-5
④ 胡斌.军用软件工程与实践[M].北京:军事科学出版社,2014年5月:17

(7)过程改进原则:要不断地改进软件组织的软件开发过程。

6.10.2 软件生存周期模型

软件生存周期模型是从软件项目需求定义直至软件经使用后退役为止,跨越整个软件生存期的系统开发、运行和维护所实施的全部过程、活动和任务的结构框架。软件生存周期模型反映了软件生存周期内的各种活动的顺序和相互衔接关系。到目前为止,已经提出了多种软件生存周期模型,主要有瀑布模型、原型模型、螺旋模型、喷泉模型、智能模型等。

6.10.3 军用软件寿命周期的基本任务

军用软件寿命周期的基本任务如表 6.2 所示[①]。

表 6.2 军用软件寿命周期的基本任务

军用软件寿命周期阶段	主要任务
软件论证阶段	①对软件进行分级并提出相应的要求;②对软件的功能、性能、进度和费用进行权衡分析,提出满足使用要求的软件功能、性能、设计约束(包括编程语言、运行环境、通信等)、验收准则和保障条件等要求,并提出软件测评项目和测评机构的建议;③对软件论证结果进行评审;④评估软件质量状况
软件开发阶段	①编制软件研制开发计划、软件质量保证计划以及其他需要的相关计划;②软件需求分析;③软件设计;④软件实现;⑤软件测试;⑥软件文档编制;⑦软件配置管理;⑧软件评审;⑨软件验收;⑩建立故障报告,分析和纠正;⑪软件培训
软件运行维护阶段	①软件安装、交付;②人员使用与维护培训;③操作,并记录软件的运行日志;④软件故障进行修复;⑤咨询和维护
软件退役阶段	退役评审,安全保密工作等

6.10.4 军用软件项目管理

1.项目管理的内容

项目管理贯穿于项目的整个生存周期,它是对项目全过程的管理,也是军用软件工程落实的关键。

美国项目管理协会(Project Management Institute,PMI)归纳、提炼出了项目管理的九大职能领域:①项目范围管理;②项目时间管理;③项目费用管理;④项目质量管理;⑤项目人力资源管理;⑥项目沟通管理;⑦项目风险管理;⑧项目采购管理;⑨项目综合集成管理。

同时,中国项目管理研究委员会也将项目管理的内容概括为两个层次、四个阶段、五个过

[①] 胡斌.军用软件工程与实践[M].北京:军事科学出版社,2014 年 5 月:29

程和九大职能领域。①两个项目管理层次：企业层次、项目层次；②四个项目管理阶段：立项阶段、计划阶段、实施阶段、收尾阶段；③五个项目管理基本过程：启动过程、计划过程、实施过程、控制过程、结束过程；④九大项目管理职能领域：范围管理、时间管理、费用管理、质量管理、人力资源管理、沟通管理、风险管理、采购管理、集成管理。

以上内容从方法论的角度回答了项目管理工作"做什么？"以及"怎么做？"的问题，它们对如何开展项目管理各职能领域的工作具有指导和规范的作用①。

2. 军用软件项目管理的任务与要求

军用软件项目管理包括对立项管理、组织管理、计划管理、进程管理、资源管理、文档管理、质量管理、软件配置管理、风险管理、对间接承办单位的管理等的要求，以及管理的技术、方法和工具。

军用软件项目管理与一般软件项目的管理并无本质的不同，但军用软件项目具有自身的一些特点和要求。军用软件具有需求的不确定性和软件系统的复杂性等特点，其研制是一项高风险的工程。军用软件项目管理就是基于风险控制的目的，围绕软件质量、成本和进度，通过风险控制来平衡这三者之间的关系。我国对于军用软件的研制和管理发布了一系列相关的国家军用标准和规定，国防工业部门以及军队相关管理部门也制定了相关的管理规定和工程标准。国家军用标准 GJB 2115《军用软件项目管理规程》中规定了军用软件项目管理的过程、组织、内容、方法和工具。它适用于军用软件的交办单位和承办单位。它既可用于软件开发的全过程，也可经过剪裁用于软件项目开发的部分阶段。

6.11　军事信息系统技术体系

军事信息系统技术体系如表 6.3 所示。

表 6.3　军事信息系统技术体系②

技术分类	具体内容
军事信息系统总体技术	军事信息系统顶层设计技术
	军事信息系统需求工程
	军事信息系统体系结构技术
	军事信息系统分析与设计技术
	软件开发技术
	军事信息系统综合集成技术
	军事信息系统试验与评估技术
	信息资源规划技术
	作战数据工程技术

---

① 胡斌.军用软件工程与实践[M].北京：军事科学出版社，2014 年 5 月：43－44
② 苏锦海，张传富.军事信息系统[M].北京：电子工业出版社，2010 年 10 月：280

续表

技术分类	具体内容
信息获取技术	探测识别技术
	传感器网络技术
	军事物联网技术
信息传输技术	军事通信技术
	计算机网络技术
信息管理技术	信息存储技术
	信息组织管理技术
	信息分发共享与服务技术
信息处理技术	文本数据处理技术
	视频数据处理技术
	图像数据处理技术
	音频数据处理技术
	地理空间信息处理技术
	气象水文信息处理技术
	电磁环境信息处理技术
	信息融合技术
信息安全技术	信息保密技术
	信息认证技术
	数字签名
	访问控制技术
	密钥管理技术
	防火墙技术
	虚拟专网技术
	入侵检测技术
	病毒防护技术

续表

技术分类	具体内容
信息综合应用技术	数据分析技术
	决策支持技术
	信息可视化技术
	遥感、定位、导航、地理信息集成技术
	态势生成与分析技术
	规划调度技术
	计划系统技术
	兵力控制技术
	武器控制技术
	作战模拟与仿真推演技术
	人机交互技术
	指控组织设计技术
信息系统管理技术	信息系统项目管理
	信息系统运维管理
	信息系统效能评价

第7章 作战指挥系统工程

与装备系统工程、信息系统工程等相比,作战指挥系统工程是面向作战指挥过程和活动的系统工程。作战指挥基于体制机制和指挥系统开展。现代化条件下作战指挥是基于指挥信息系统,并与指挥信息系统高度耦合的作战指挥,重点强调体制、组织、计划、控制、管理、决策、信息对抗等功能。现代化的指挥技术和工具给作战指挥提供了更大和更灵活同时也更富于挑战的活动平台和空间。

7.1 作战指挥要素、任务、流程与作战指挥系统工程

7.1.1 作战指挥要素

1. 作战过程

作战对抗的基本过程如图 7.1 所示。

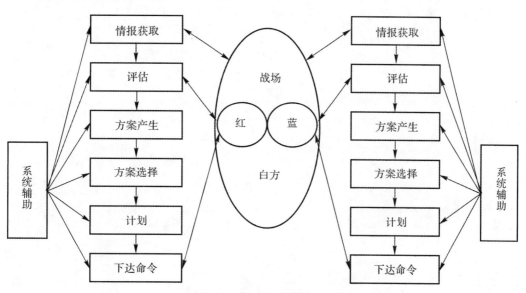

图 7.1 作战对抗的基本过程①

---

① 苏建志.指挥自动化系统[M].北京:国防工业出版社,1999 年 5 月:11-13

按照作战范围和层次,作战指挥包括战略指挥、战役指挥、战斗指挥、战术指挥等各个层次。

作战指挥可以划分为三个主要阶段——准备阶段、实施阶段和再准备阶段。

指挥要素包括作战指挥体制、指挥者、指挥对象、指挥手段、指挥信息、指挥环境等。

作战指挥是一种敌我残酷对抗的活动。敌情是首先要考虑的因素,也是最难以掌握的因素。

作战指挥体制是关于作战指挥的组织体系、机构设置、职能划分、关系确定及法规制度的统称。它由指挥体系、指挥机构等硬件,与职能划分、指挥关系确定以及相关的法规制度等软件要素构成。作战指挥体制是军队体制的重要组成部分,是构成作战指挥系统的重要方面和保证其功能得以稳定、高效发挥的关键因素。

信息化战场中,$C^4 ISR$ 是战场和作战的神经系统。指挥控制是 $C^4 ISR$ 的核心功能。指挥以人(指挥参谋人员)为核心,控制以方法、手段、技术、工具为核心。

7.1.2 作战指挥功能

作战指挥就是在一定的作战环境和对抗态势下,指挥员及指挥机构掌握情况、定下决心、计划组织、控制协同的过程。核心环节有情报获取、态势分析、作战筹划、任务规划、兵力需求、作战部署、指挥控制、实时调理、效果评估、辅助决策与决策支持等。决策是指挥的根本任务。

7.1.3 作战指挥过程

作战指挥的基本程序是:了解任务,情报获取,判断情况,定下决心,制定计划,下达命令,组织协同和保障,控制协调作战行动等。

以联合作战为背景,指挥控制大致可以划分为四个阶段[①],如图 7.2 所示。

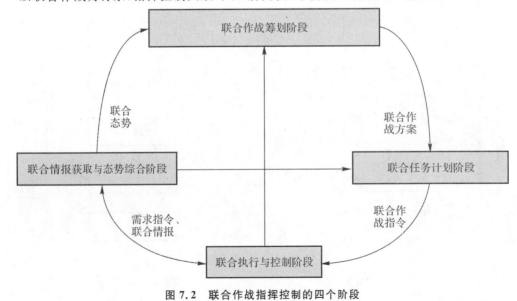

图 7.2 联合作战指挥控制的四个阶段

---

① 张大科.联合作战指挥控制决策及其共享框架研究[D].长沙:国防科技大学,2011 年 11 月:23

(1) 联合情报获取与态势综合阶段。

情报获取与态势综合是一体化联合作战获取信息优势的关键。联合情报获取与态势综合是以联合情报侦察系统、情报综合系统、综合态势系统以及情报分发系统的一体化为基础,以陆基、海基、空基和天基的传感器网为依托,结合其他作战情报,并将经过处理后的情报通过信息网络传输到联合作战情报中心,实现信息共享,形成联合态势。在信息系统的支持下,完成跨越军兵种(部门)的联合情报的实时与同步获取和信息共享,实现战略、战役与战术层次上态势生成与评估的同步互动。

(2) 联合作战筹划阶段。

联合作战指挥人员借助于不同层次的相关职能系统,通过任务分析和目标分析,在情报部门态势评估结果的基础上,进一步识别敌方作战意图和作战计划,确定己方的作战重心和攻防打击目标,明确作战任务,通过协调各方作战力量,制定作战方案并进行推演评估,适时定下决心,确定联合作战方案。

(3) 联合任务计划阶段。

联合作战指挥人员参照联合作战方案,借助一体化的任务计划职能系统,制定跨越军兵种(部门)的联合作战具体计划,确定作战方案中的任务执行过程,并将任务计划以指令形式发布到相应作战单元。

(4) 联合执行与控制阶段。

联合作战指挥人员通过综合指挥信息系统,指导、督促联合作战部队按照联合作战计划所规定的时间、地点和方式执行联合作战任务,同时关注作战过程中敌情的变化、作战行动的进展情况以及作战环境情况的变化,适时评估作战效果,并在战场情况发生重大变化时,重新修订作战计划,及时调整作战部署。

7.1.4 指挥控制系统

指挥控制离不开指挥控制系统(主要是指指挥控制信息系统)。指挥控制系统是指挥体制和指挥资源的体现,是开展指挥控制活动的环境、平台、工具、接口。

现代化的指挥控制系统是由计算机、指挥运算程序、通信网络、终端和各分系统之间的接口形成的网络体系结构。理想指控系统的体系结构是一个基于栅格网的扁平网络结构(指挥控制功能实施仍然服从于指挥体制和指挥流程)。它利用互连互通的网络把各种传感器、武器平台、指挥控制系统相互耦合在一起,利用多个作战平台的整体信息和交战能力来完成作战任务。首先它的每个成分能独立完成本级的指挥控制职能,联网之后能够完成国家或战区的指挥、控制、通信、信息采集与处理、战场管理等多种功能。此外,指挥控制系统的建设、管理、运用与作战理论是一体化的。

美军拥有最强大的指挥控制系统,一直引领该领域的发展潮头。我国的指控系统研制,从独立作战的火控系统、情报指挥系统开始,一直追随着 C,C^2,C^3,C^3I,C^4ISR 的技术路线在向前发展。

1. 指挥控制系统功能

虽然不同的指挥控制系统有着不同的任务范畴,但概括起来,它们都有以下基本功能:

(1) 获取情报功能——收集敌我双方兵力和部署、敌方意图及作战条件等情报;接收传感器输入的目标信息;存储、记忆信息;对敌情信息进行处理;传递信息;以文字、表格、符号、图形等显示临战环境、态势和目标轨迹。

(2)信息处理功能——按临战环境进行一系列计算,辅助指挥员进行战术最优决策(如集结、迎敌、展开、攻击、撤退、规避等计算);准备供指挥员威胁评估、态势评估(形势判断)和拟定作战方案用的数据;进行武器分配、资源分配、目标指示、武器控制、辅助导航、编制参数数据等计算。

(3)决策功能——准备定下作战决心所用的数据;处理或融合不同传感器数据,如敌我识别等;评估决心效果和战斗行动的结果,如损失评估等。决策是作战指挥的核心功能。特别是现代信息技术的广泛深入运用,使新一代指挥信息系统在"发文电、标态势、查数据"之上,重点放在态势综合、评估预测、计划统筹、行动控制等核心指挥功能上,充分发挥数据对考核活动的支撑作用、模型对作战筹划的辅助作用、态势对自主协同的调节作用,提高作战指挥决策的科学性、针对性和时效性[①]。

(4)控制执行功能——自上而下为主,对各级作战实体行为和效果的监控,检查各类信号、口令、命令、训令、号令的传达与执行情况;对资源进行检查;对设备工作状态进行检测、故障诊断等。

2. 指挥控制系统举例

图 7.3～图 7.8 是几个战略、战役、战术等指控系统的例子。

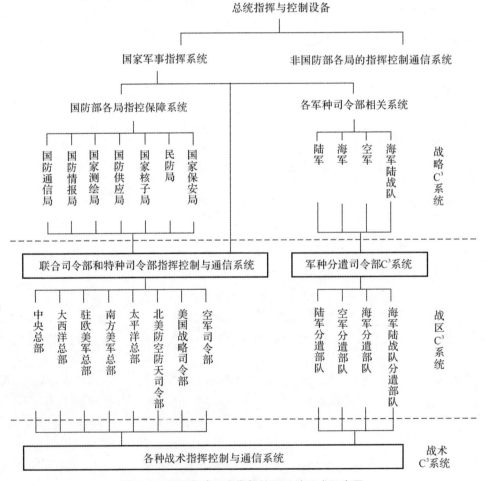

图 7.3 美军全球军事指挥控制系统组成示意图

---

① 孙伟.联合作战指挥信息系统构建策略[J].华南军事,2014年第8期

第7章 作战指挥系统工程

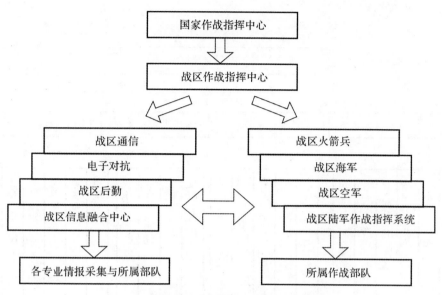

图 7.4 战区作战指挥控制系统的构成示意图

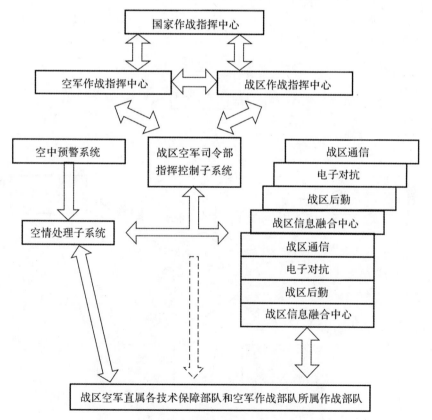

图 7.5 战区空军作战指挥控制系统的构成示意图

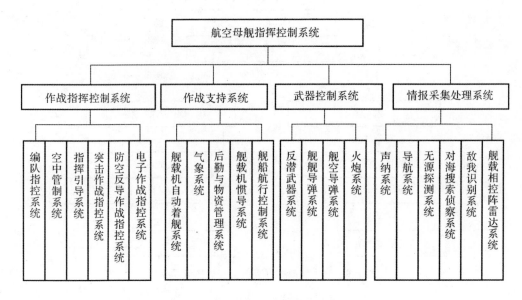

图 7.6 航母作战指挥控制系统组成示意图

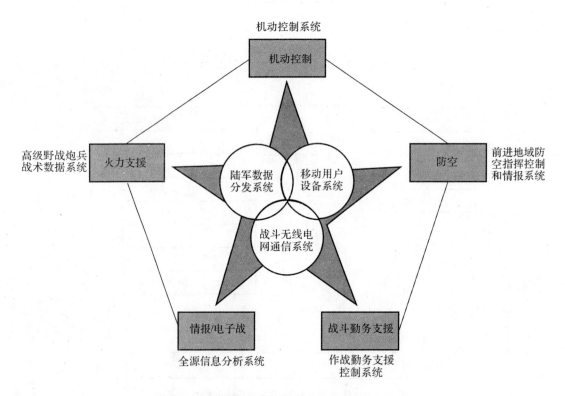

图 7.7 美国陆军战术指挥自动化系统结构示意图

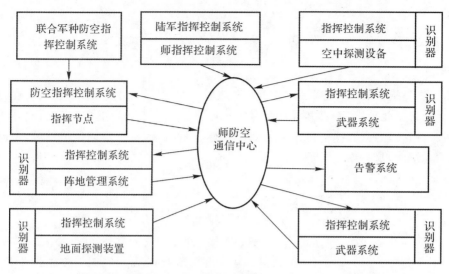

图 7.8 美军"前进地域防空指挥控制和情报系统(FAAD C^{2}I)"构成示意图

7.1.5 作战指挥系统工程过程

作战指挥系统工程过程如图 7.9 所示。

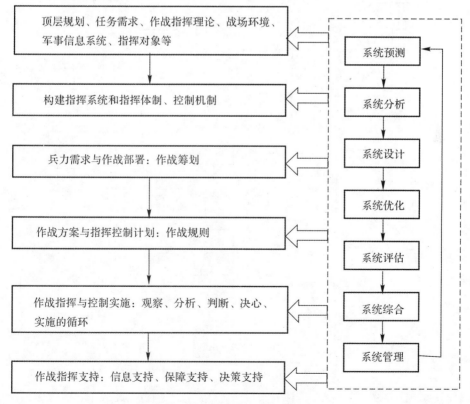

图 7.9 作战指挥系统工程过程

7.2 态势分析评估

战场态势是指作战双方各要素(包括兵力部署状况、装备情况、地理环境、天气条件等)的状态、变化及其发展趋势[①]。态势评估是对战场环境以及敌我对抗在过去、现在和未来的洞悉与把握。深刻正确的态势评估是作战筹划的基础、前提和起点。不同作战领域,不同作战样式,不同作战层次,其态势评估差异较大。

7.2.1 态势分析评估的要素

态势评估涉及多层次、多方面、多格式的处于时间序列上的数据,包括环境要素、敌方目标与兵力使用及其有关行为,从上一级数据处理输出的知识,以及与之相关的背景和社会政治环境因素等。态势分析评估的要素如图 7.10 所示[②]。

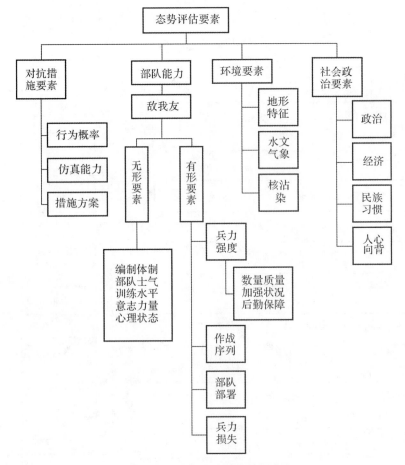

图 7.10 态势分析评估的要素

[①] 朱丰,胡晓峰.基于深度学习的战场态势评估综述与研究展望[J].军事运筹与系统工程,2016 年第 9 期
[②] 陈森,徐克虎.C⁴ISR 信息融合系统中的态势评估[J].火力与指挥控制,2006 年第 4 期

7.2.2 态势分析评估的基本任务

态势分析评估的基本任务和过程如图 7.11 所示。

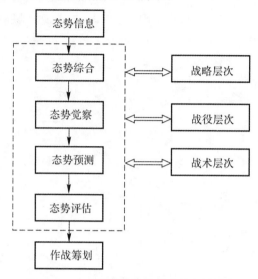

图 7.11 态势分析评估的基本任务和过程

7.2.3 态势评估的基本方法

态势评估的方法有：专家法、解析计算方法、作战模拟和作战实验、兵棋推演方法、探索性分析方法、智能方法等。现有的研究结果表明，单一的数学方法很难解决态势估计问题。目前，关于态势估计比较成熟的技术大都基于人工智能，比如期望模板法、品质因素技术、专家系统、黑板模型、神经网络、贝叶斯网络、D-S证据推理理论，模糊逻辑法等[1]。由于信息技术的不断进步，基于互联网、云计算、大数据、深度学习的态势评估方法技术也正在蓬勃发展。

美国国防部实验室联席理事会(JDL)提出了一个分层多级的态势评估模型图(见图7.12)[2]。

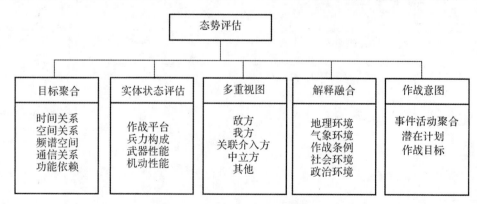

图 7.12 美军 JDL 态势评估模型图

---

[1] 华一新,郭星华,等.通用作战图原理与技术[M].北京:解放军出版社,2008年6月:148
[2] 朱丰,胡晓峰.基于深度学习的战场态势评估综述与研究展望[J].军事运筹与系统工程,2016年第9期

7.2.4 战场态势图结构

战场态势图是战场态势要素及其分析评估结果的集中展现。战场态势图结构如图 7.13 所示[①]。现代计算机人机接口技术使得战场态势的展示功能极其强大丰富、方便灵活,而且可以与作战指挥控制、作战仿真模拟推演、虚拟现实等接口互联,进一步提高指挥控制的效率和效果。

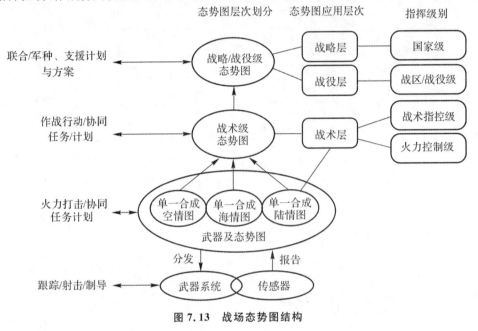

图 7.13 战场态势图结构

7.2.5 战场态势图生成

战场态势图生成是多要素、多层次、多环节、多手段方法,人机结合的动态过程。战场态势图生成的基本过程如图 7.14 所示。

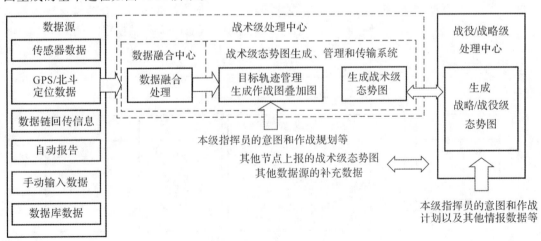

图 7.14 战场态势图生成过程[②]

---

① 刘高,刘昕.联合作战共用战场态势图的构建[J].航空航天侦察学术,2015年第2期
② 刘高,刘昕.联合作战共用战场态势图的构建[J].航空航天侦察学术,2015年第2期

7.3 作战筹划

7.3.1 作战筹划的概念

作战筹划是作战指挥员及指挥机关为实现作战意图和决心,根据各方面情况,结合作战任务和战场实际,对作战进行的一系列运筹、谋划和设计,是将作战构想转化成准备和实施的具体行动方案的过程[1][2],这个过程是一项连续且具循环往复性的活动。筹划的最终成果,是为未来行动提供具体的计划或命令,以完成上级赋予的作战任务,形成本级具体计划,给出下级的任务输入。

作战筹划活动主要包含两个层次:上层是指挥官提出作战构想;下层是参谋长及指挥机关筹划的具体作战方案、方向、过程等,它是作战筹划的核心内容。美军通常按照"识别并界定问题→收集信息→制定解决问题的可能方案→分析可能的方案→选择最佳方案→执行方案并评估结果"的模式来解决作战筹划问题。

作战筹划是技术、战术、艺术甚至指挥员直觉的结合,应坚持出奇制胜、因敌筹划、整体筹划、重点筹划和灵活筹划的原则,全面分析判断情况,合理编组作战力量,精心选择作战目标,周密拟制行动计划,严密组织作战协同,做到战术技术谋略相结合、定性与定量分析相结合、火力与信息力相结合[3]。

作战筹划在战略、战役层次主要是明确战略意图,勾勒战略战役阶段及其时间空间的选择,为下级指挥员开展作战任务规划和指挥控制提供约束或者指导。战略或者战役筹划需要领导者具有高超的指挥决策技术、能力和艺术,比如三国时期刘备与诸葛亮的隆中对策,中国抗日战争中国民政府的以空间换时间的战略,二战中德国的闪击战、苏联的大纵深防御、盟军的诺曼底登陆,等等。而将战略运筹运用到炉火纯青地步的当首推毛泽东(农村包围城市、反围剿、长征、抗日战争的持久战、解放战争三大战役、抗美援朝、炮击金门、两弹一星工程等)。反面的例子也不少,如诺曼底防御、希特勒的敦刻尔克围攻战、萨达姆入侵科威特等。

现代信息技术和科学方法给作战筹划提供了新手段、工具、平台,有利于充分发挥指挥员的直觉和经验,发挥信息技术的容量、速度、计算,大大提高作战筹划的效果和容量。比如,基于作战实验相关系统、模型和数据综合集成开发的作战筹划辅助实验平台,可以辅助指挥员进行作战力量需求计算、战法行动分析优选、作战方案模拟推演及作战效益分析评估,已成为指挥人员有力的辅助决策手段[4]。

---

[1] 王相生.联合作战筹划与方案推演研究[J].舰船电子工程,2014 年第 6 期
[2] 张建设.美军作战筹划组织方法初探[J].炮学杂志,2015 年第 2 期
[3] 侯志勇.关于空中进攻作战筹划问题研究[J].空军军事学术,2009 年第 1 期
[4] 刘德生,徐越.作战筹划辅助实验平台设计研究[J].军事运筹与系统工程,2014 年第 4 期

7.3.2 兵力需求

兵力需求可以从两个方面看待：一是完成某任务需要多少兵力；二是有一定的兵力应该如何部署运用以获得最好作战效果期望。作战样式影响兵力部署与需求。这就有了矛盾：先有兵力还是先有部署样式？这需要反馈、反复和迭代。

1. 问题提出

兵力需求是指为适应统帅部赋予的作战任务，对兵力规模、兵力结构等的总需求。

兵力规模需求是指为了完成特定的作战任务，所需兵力规模的最小数量。兵力规模需求是决策机关平时指导战场建设，战时组织兵力调整和作战运用的根本依据。

兵力结构需求是指为了完成特定的作战任务（或者具备一定的作战能力）而提出的对武器装备结构以及兵器型号、战技性能等的需求。兵力结构需求是装备体系建构的主要依据。军事理论和作战实践都表明，军队兵力规模和结构是决定军队综合作战能力的重要因素。规模合理是指坚持军队质量建设的必要条件，而结构优化使多种作战力量有可能协同，产生整体力量"倍增"于"部分和"的效果，是提高军队战斗力的重要途径。

2. 兵力需求确定的一般过程

兵力需求确定的一般过程如图 7.15 所示。

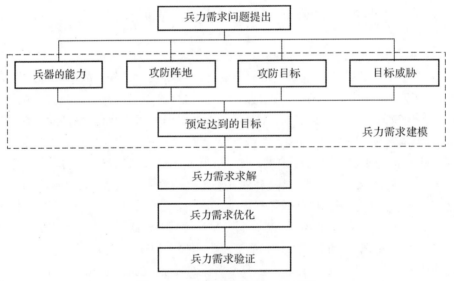

图 7.15 兵力需求确定的一般过程

3. 需求建模方法

目前兵力需求的建模求解方法主要分为以下三种：

（1）经验估算法：主要是依据作战任务的数量、要求、约束以及相似作战行动的经验数据，进行各种修正（比如类别法，线性加权）计算。该方法计算模型简单，经验性强，但估算结果粗糙。

(2)模拟实验法(包括作战实验法、兵棋推演法):通过建立作战仿真模型,在给定的作战背景下进行攻防对抗仿真,依据对仿真结果的分析,不断调整兵力的投入,直到得出满意的对抗结果,最终确认所需的兵力数量。其特点是:可以模拟较复杂背景下的作战过程,估算结果可信度较高,但仿真模型比较复杂,仿真所需的时间比较长。

(3)解析计算法:通过对作战双方兵力效能指数的分析与计算,建立兰彻斯特战斗动态微分方程,计算出所需的兵力总效能指数。再经过解聚计算,得出所需的各类型兵力的数量。兰彻斯特战斗动态微分方程已经发展出信息化条件下、复杂电磁环境下、多兵种、多类型对抗样式的模型。在战略、战役层次,其仍然不失为一种快速合理的兵力需求推演估算方法。

7.3.3 作战部署

作战部署是对作战力量的任务区分、兵力编组和配置作出的安排,是作战决心的重要内容[①]。作战部署包括战备部署和临战部署。

作战部署的基本要素和流程如图 7.16 所示。

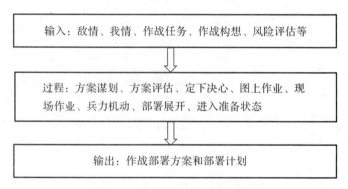

图 7.16 作战部署的要素和流程

不同军兵种、不同作战空间和作战环境、不同作战对象,作战部署可能差异非常大。一般可以划分为:陆军作战、空中作战、海洋作战、空间作战、网电作战。每一种作战维度中又纵向包括多个层次,横向包括多个军兵种和多种装备。作战部署是指挥员展示指挥能力的重要环节。

7.3.4 任务规划

任务规划是依据给定的作战资源、约束条件、初始和目标状态,运用相应的规划推理技术,产生一系列的作战行动序列,通过执行作战行动序列实现从初始状态向目标状态的转变。

从军事运用上来讲,任务规划是设计战争、筹划组织作战的过程,也就是将作战思想和作战理论转化为标准化的作战指导和交战规则,按照流程化的作战程序,对作战行动、作战要素和作战资源进行精确统筹管理的过程。

---

① 军事科学院.中国人民解放军军语[M].北京:军事科学出版社,2011:65

任务规划系统的内涵十分丰富。从规划过程上看,主要包括任务与威胁分析、作战方案生成、详细计划生成、推演评估、实施过程中的动态调整,以及实施后的执行情况评估。从规划考虑的要素来看,应包括任务、态势、兵力/装备、时间、空间、战法和对手等。从规划时间上看,包括战备/战前的预案规划(任务下达、规划信息处理、作战计划拟制、任务推演评估和任务数据生成)、战中在线规划(在线规划数据生成和作战过程管控)和战后分析评估。从运用角度来看,可支持作战、演习和训练等任务[1]。

此处以美军联合作战任务规划系统为例(见图 7.17)。美军联合作战任务规划系统可分为三个层级,分别是战略级、战役级和战术级。每一层级都有规划内容及其输入输出接口。

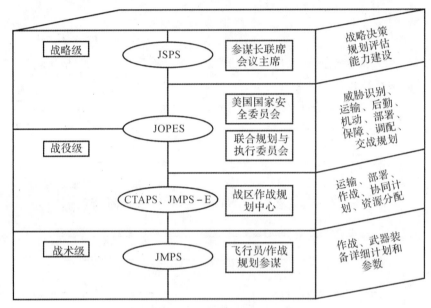

图 7.17　美军任务规划层级[2]

美军飞机任务规划的结构与流程如图 7.18 所示。

7.3.5　作战预案与作战方案

1. 作战方案

作战方案也称作战计划,是指军队为遂行作战任务而对作战准备和实施制定的计划[3]。

作战计划体系分为作战行动计划、作战支援计划和作战保障计划,这三种计划相辅相成,构成了完整的作战计划体系。

---

[1] 龚钰哲.美军任务规划系统发展研究报告[R].总装备部炮兵防空兵装备技术研究所,2014 年 12 月:2-4
[2] 龚钰哲.美军任务规划系统发展研究报告[R].总装备部炮兵防空兵装备技术研究所,2014 年 12 月:18
[3] 军事科学院.中国人民解放军军语[M].北京:军事科学出版社,2011 年:180

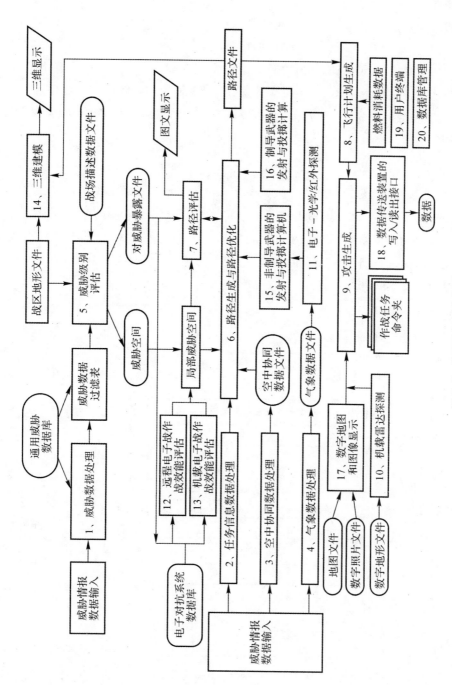

图 7.18 美军飞机任务规划

作战行动计划分为总体计划和分支计划。总体计划是对作战行动的基本安排,是制订其他计划的基本依据。其内容主要包括情况判断结论、上级意图和本部队作战任务、友邻的任务、战斗分界线及接合部的保障等。分支计划是为配合主要力量作战,对某个作战行动做出的具体安排,比如反侦察计划、电子对抗计划、火力毁伤计划、反空袭(防空)计划、特殊兵种行动计划、后方防卫计划、信息作战计划。作战支援计划是对支援作战的上级军兵种力量做出的各种需要计划,如航空兵支援计划、火力支援计划等。作战保障计划是组织实施军队作战的各项保障计划,比如侦察计划、警戒计划、通信保障计划、特种武器防护计划、工程保障计划、防化保障计划、伪装计划、作战欺骗计划、政治工作计划、后勤保障计划、装备保障计划等[①]。

作战方案是作战筹划的成果和结晶,是指挥员作战行动意图的体现。指挥计划是作战方案的核心内容。

2. 作战预案

作战预案是基于某些想定的预先作战方案集。由于大量的不确定要素,作战预案一般也包括多种预先方案,并对一些要素做出假定。作战预案的基本要素与作战方案相似。作战筹划的重要任务是提出作战预案及其分析评估的集合,便于日常战备训练和战时选择修改运用。

现代作战一般都是基于作战预案的作战。因此,作战方案就是在不断输入实时信息的激励下,对预案的调整和确定。

3. 作战方案的制定

作战方案的制定过程如图 7.19 所示。

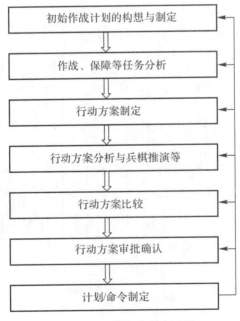

图 7.19 作战方案制定过程

---

① 刘雷波. 一体化联合作战计划的拟制及基本要求[J]. 陆军学术,2007 年第 3 期

7.4 作战指挥控制实施

即使有再多的作战方案,也没有按部就班的作战。二战时盟军统帅艾森豪威尔说过:"在为战斗做准备时,我总是发现计划是无用的,但是计划制定是不可缺少的。"这种情况虽然由于技术进步等原因已经有了很大的改善,但是并无质的跨越。作战指挥控制的实施是典型的 OODA 循环。

7.4.1 作战指控实施

作战指控实施一般包括:计划的贯彻实施、观察分析评估控制、变更部署、修改计划、临机指挥控制等活动内容。这些活动环环相扣,在敌我对抗的背景下循环演绎,不是一厢情愿的表演,也往往不是可逆的过程。

计划赶不上变化快。计划的预测、执行、效果总是与现实状态有出入的。作战指挥控制的实施主要是对偏差的处理、意外情况的处置、指挥控制的实时协同。作战是一场艰苦激烈的对抗,对抗双方都想知彼知己,欺骗对方,出其不意,以最有效的方式攻击对方作战体系的任何一个环节或者要素(对于进攻而言,对方的一切人力、物力、设施、设备都可以成为攻击对象)。因此,作战指挥是技术和艺术的结合,需要合理规模和数量的指挥人才队伍来实施。作战系统工程不是也不能给出权威的指挥控制方案,而应该在指挥控制信息系统的支持下,造就一支强大的指挥系统及指挥队伍。

传统的机械化条件下作战中,为实现战场立体空间各种作战行动效能的集中整体释放,通常要求指挥机构精心筹划、设计作战行动的时序与方式方法,并明确行动中的相互支援与协调关系。在信息化条件下体系作战中,可采取多级同步互动的指挥决策方式,上下整体近实时互动,互补指挥,指挥权限分级设置,信息实时共享,指挥建议自主形成,指挥活动自主运行,指挥形式自主协调;从战场感知、指挥决策、信息传输、机动打击到综合防护等各类行动,在多维战场空间可以实现异地同步展开、并行联动。

体系作战指挥的基础是纵向贯通,融战略决策、战役指挥、战术行动、技术实现于一体;关键是横向融合,融陆上、海上、空中、太空、电磁领域的力量于一体;根本是精确恰当,具备精确控制自身体系,在精确的时间、精确的地点,对精确的对象实施精确打击的能力[①]。

7.4.2 作战计划修正

计划不可能完美,必须随着新信息的不断输入、新情况的不断分析、新决心的可能形成而调整修正甚至推倒重来,它是稳定和变化的辩证统一。计划修正是敌情我情、战场环境新态势下的又一轮指挥分析决策循环,是对指挥员能力素养、指挥系统积淀效率的集中考验。

---

① 董连山.基于信息系统的体系作战研究[M].北京:国防大学出版社,2012年4月:233-234

7.4.3 作战指挥协同

指挥协同指各种作战力量按照统一的协同计划在行动上的协调配合。按范围,分为战略协同、战役协同和战术协同;按军兵种,分为军种之间的协同、兵种之间的协同等。作战指挥协同是指挥的重点和难点。

作战指挥协同的方法有很多种,在不同的阶段,从不同的侧面,处理不同性质的问题,完成不同的任务,所用到的方法都可能是不同的。一般协同方法包括:计划协同、随机协同、目标协同、自主协同、互动协同。在具体的任务执行中,还有空域、时域、电磁域等协同方法。

7.4.4 作战效果评估

作战效果评估是指挥控制非常关键的环节,也贯穿于战备、战前、战中、战后。在作战指挥中,需要不断地获取敌情、我情和战场环境信息,对敌我态势和下一步发展的趋势进行分析预测,为下一步的指挥控制决策提供依据和标准。

由于作战的对抗性、欺骗性、保密性等,获取作战效果评估所需要的信息可能是非常困难的,甚至是以假乱真、真假莫辨的,这给作战效果评估和进一步的决策带来了很大的困难。仅仅以近现代的几场高技术局部战争来看,从海湾战争、伊拉克战争到科索沃战争,即使是美军(联军)占据绝对信息优势,对作战效果的评估仍然不尽如其意。

作战效果评估的内容和范畴比较宽泛,包括战略、战区、战役、战斗、装备等各个层次,覆盖各个军兵种,贯穿作战的所有阶段,可以灵活运用各类评估方法(专家法、统计法、解析法等),以人机结合为主要特征。

7.5 辅助决策与决策支持

指挥决策在军事指挥中占据核心地位并发挥关键作用。现代化作战指挥决策的内涵和外延大大拓展,离不开基于信息系统的辅助决策与决策支持。

7.5.1 军事决策的要素

军事决策是对战场态势、军事任务进行综合分析,产生我方行动计划和行动指令的过程。决策系统一般包括指挥员(决策者)、指挥机关(决策辅助人员)、指挥信息系统(决策工具和平台)。军事决策系统的要素结构如图7.20所示。

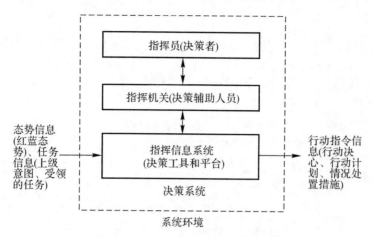

图 7.20 军事决策系统的要素结构①

7.5.2 军事决策的一般程序

军事决策的一般程序参见图 7.21。

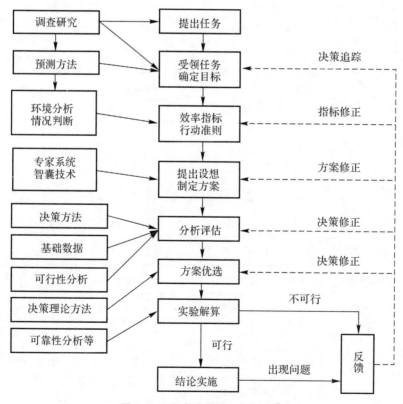

图 7.21 军事决策的一般程序②

---

① 李照顺,等.决策支持系统及其军事应用[M].北京:国防工业出版社,2011年12月:418
② 苏建志.指挥自动化系统[M].北京:国防工业出版社,1999年5月:120

7.5.3 人机特性比较

人机特性比较如表 7.1 所示。当前,人工智能(大数据、云计算、图像识别、自动驾驶、智能运算等)的迅猛发展使得计算机不断蚕食人的优势。

表 7.1 人机特性比较[①]

功能特性	人	计算机
分析能力	高级	肤浅
接受能力	形象化的图形	字符或者数字
接受方式	随机	顺序
反应速度	比较慢	极快
描述能力	一般且含糊	清晰而准确
反应方式	高级	严格按照顺序动作
对问题的态度	多疑	毫不犹豫
对指令的态度	难控制且会抗拒	顺从且被动
出现差错的概率	极高	比较低
适应新情况	适应能力强	只能适应考虑到的情况
功能随时间的变化	容易疲劳	永不疲劳
工作环境影响	易受影响	受影响极小

7.5.4 辅助决策的常用模型

军事决策的常用模型如图 7.22 所示。

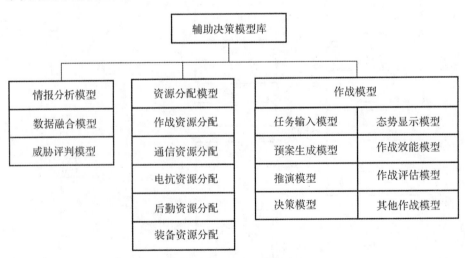

图 7.22 军事决策的常用模型[②]

[①] 苏建志.指挥自动化系统[M].北京:国防工业出版社,1999 年 5 月:141
[②] 竺南直.指挥自动化系统工程[M].北京:电子工业出版社,2001 年 1 月:83

7.5.5 指挥控制建模仿真与作战实验

1. 指挥控制建模仿真

指挥系统建模方法及其比较见表 7.2。

表 7.2 指控系统建模方法及其比较①

建模方法	方法特点	应用范围	不足
Petri 网理论	擅长描述分布、并发、同步问题	时间延迟分析;指挥决策过程建模等	组合爆炸问题;还原性方法论
影响图理论	对系统运行过程中参量描述、关联具体环境	效能分析;决策子系统建模	对系统描述不够全面,难以描述复杂系统
兰彻斯特方程方法	一种解析方法	效能分析;兵力损耗分析	模型描述能力较差,难以描述复杂系统
人工智能方法	对系统智能行为的模拟	人的行为建模;系统对抗行为建模	大规模行为的描述能力较差
MAS 理论	描述系统的适应性、自主性等复杂特征	指控过程建模;效能分析;系统对抗建模等。适于描述系统的整体性行为	系统微观描述能力较差
复杂网络理论	擅长描述系统内部各单元之间的关系特性	系统拓扑结构的可靠性、演化性建模等	对系统内部实体的行为描述能力较差
SNA 方法	描述系统内部的关系特性,系统组织特性等	指挥控制关系建模;组织建模等	对系统内部实体行为描述能力较差

2. 作战实验

作战模拟与作战实验是研究军事问题的普遍方法和途径。由于作战指挥控制的复杂性、对抗性,很难有结构化的方法模型来给出作战预期的结果,作战模拟与作战实验(还有兵棋推演)是指挥控制、辅助决策与决策支持的重要方法技术。而且,作战模拟、作战实验与兵棋推演还成为部队指挥训练的有效方法和途径——对于战术级以上指挥训练,甚至是主要途径。

---

① 田旭光等,军事指挥控制系统建模方法述评[J].指挥控制与仿真,2011年6月

第8章 综合保障系统工程

保障是指军队为遂行任务和满足其他需求而在有关方面组织实施的保证性和服务性的活动。保障系统是现代战争不可或缺的支柱之一,是军事系统重要的物质基础和条件。保障服务于作战。保障系统与作战系统紧密耦合。没有保障,就无法作战。现代保障体系建设是一个跨军兵种、跨区域的,集成性、综合性很强的系统工程。

8.1 保障系统

8.1.1 保障系统的主要功能

保障的范围是极其广泛的。按任务分为作战勤务保障、后勤保障、装备技术保障等;按层次分为战略保障、战役保障和战斗保障等。其中作战勤务保障包括预警侦察保障、通信保障、气象水文地理保障、电子对抗保障、伪装防护保障等内容。后方勤务保障主要包括物资保障、技术保障、卫生保障、军事运输保障和工程保障等内容。装备技术保障主要包括装备的启封和动用准备、储存和运输、自救和抢救、测试检查、加注燃料和油气液、补充弹药以及大量的维护和修理工作等。

8.1.2 保障系统的组成

保障资源主要包括信息、技术、物资、人才和资金。保障的过程是在作战需求的牵引下,指挥控制信息流驱动保障指挥控制信息流,进而驱动保障物流及其活动的循环往复运动过程。

在许多情况下,指挥控制信息网络与物流网络仍然是保障的可共享共用的基础平台。

1. 美军全球作战支援系统

美军拥有全球遥遥领先的保障体系。美军典型的综合保障系统是全球作战支援系统(Global Combat Support System,GCSS)。GCSS 负责采办、财政、人力资源管理、后勤、装备、运输、工程、防化等保障任务,由作战支援数据环境(Combat Support Data Environment,CSDE)、公共作战图像(Common Operational Picture,COP)、GCSS Web 入口等三部分组成。GCSS 目前包括战区总部/联合特遣部队 GCSS、空军 GCSS、陆军 GCSS、海军陆战队 GCSS、海军 GCSS、全球运输网(Global Transportation Network,GTN)、联合资源可视化系统(JTAV)、国防后勤局 GCSS(GCSS,Defense Logistics Agency,GCSS-DLA)、国防军事人力资源综合系统(Defense Integrated Military Human Resources System,DIMHRS)、战区医疗系统(Theater Medical Information Program,TMIP)、国防财政系统综合数据环境(Defense

Finance and Accounting System Integrated Data Environment，DFASIDE)等系统①。保障系统的庞大可见一斑。

2.保障系统的基本结构

保障系统的基本结构如图 8.1 所示。

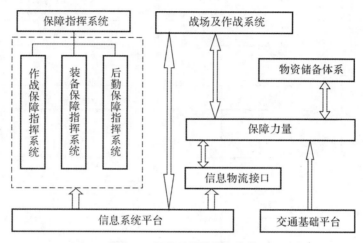

图 8.1 保障系统的基本结构

8.1.3 保障系统的体制机制和流程

保障系统的运作以作战需求为驱动。保障指挥控制以作战指挥为牵引，密切互动。在军事行动的每一个阶段，作战和保障几乎都是形影不离的。在某些特殊情况下，决定作战成败的是保障而不是作战本身。

保障系统的基本运作机制如图 8.2 所示。

8.2　保障系统的构建、部署和运用

8.2.1　保障系统的构建

作战需求是作战保障系统构建的基本输入，还包括装备体系战术技术特点。保障系统的构建是一个复杂、综合、嵌套、反复的系统工程过程。其输出形式包括体制机制、物流与信息流渠道、人力物力分布与供应、设施设备、标准、接口及流程等。作战保障系统分析与构建的基本过程如图 8.3 所示。

---

① 苏锦海，张传富.军事信息系统[M].北京:电子工业出版社.2010 年 10 月:252

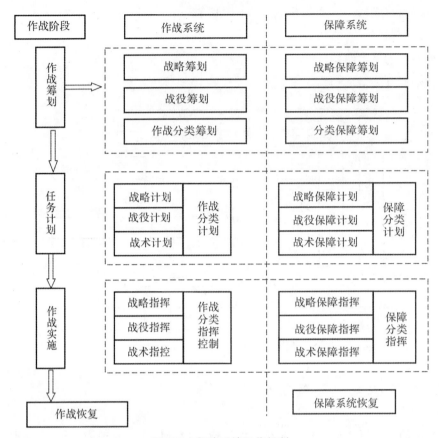

图 8.2 保障系统运作机制

当然,作战蕴含极大的不确定性和风险性,因此,保障也蕴含不确定性和风险性,比如保障不足或者保障过度。特别是在保障资源入不敷出,保障力量捉襟见肘的情况下,更需要指挥员审时度势,精打细算。

军民融合保障、联勤保障与专门保障结合,是现代综合保障的重要特征或者趋势。这也为近现代历次高技术局部战争实践所证明。

8.2.2 保障指挥系统的结构

保障系统的指挥体系结构如图 8.4 所示。一般说来,保障系统体系结构较为相似,但在具体实施上,不同战场环境、敌我态势、作战行动、作战阶段、军兵种之间可能有较大差异。常见的保障指挥关系包括:在保障机构内部,是协调关系;在上下级保障机构之间,是指挥指导关系;友邻和同级之间是协同支援关系。在实际中,各种关系往往有所交织。以联合装备保障为例,保障指挥关系如图 8.5 所示。

第 8 章 综合保障系统工程

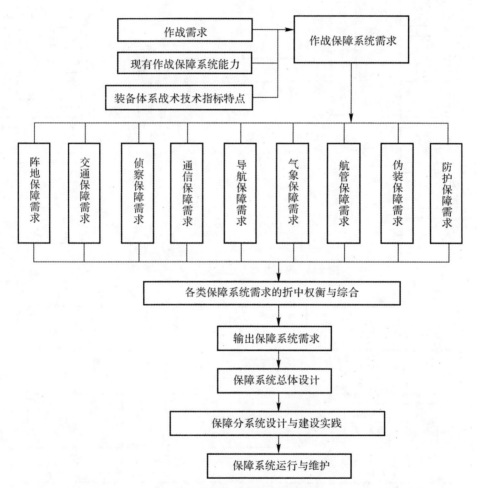

图 8.3 作战保障系统分析与构建

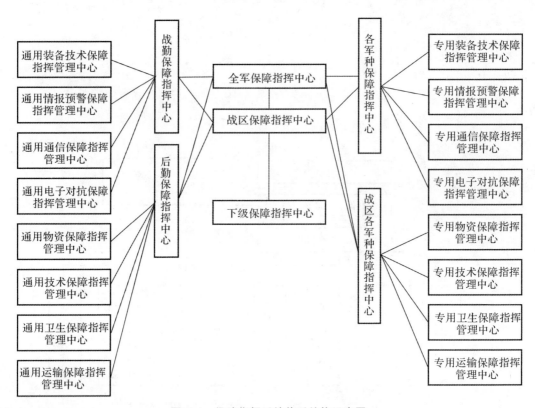

图 8.4 保障指挥系统体系结构示意图

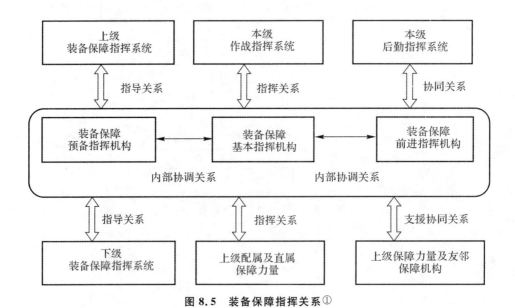

图 8.5 装备保障指挥关系[1]

---

[1] 阮拥军.联合作战装备保障研究[R].军械工程学院博士后研究工作报告,2006年3月:49

8.2.3 保障部署

保障部署是指对保障力量的任务进行区分、编组和配置等的活动。它是战备与作战部署的组成部分。保障部署是作战保障力量配置的时机、地域、资源种类数量、保障样式、保障接口等的综合。保障部署要综合考虑战场环境、战备设想、作战构想和作战保障需求、敌我态势、物资种类数量、战场进程预测、安全及作战风险等因素,点线面结合,时间、空间、战场态势结合,静态动态结合,多种方式灵活运用。

保障部署包括保障力量的部署、保障资源的部署等。

8.2.4 保障系统优化

系统优化涉及保障系统的方方面面和保障过程的各个环节,比如保障体制优化、保障部署优化、保障指挥优化、保障流程优化、保障物资优化、保障物流优化等。优化的基本方法有统计法、人机结合法、解析法、模拟仿真法等。同时,应结合作战实验、仿真演习等方法,重视积累和探索保障系统、保障活动优化的规律、结论、方案。

8.2.5 保障指挥决策

保障由各级指挥机关统一计划,分别由所属各兵种部队、保障勤务部(分)队组织实施。各级司令部在制定作战计划时,要会同各专业部门制定相应的保障措施。各专业部门要根据作战的总要求,指导和帮助部(分)队严格执行保障措施,及时向指挥员提供提高保障能力的建议。作战保障贯穿作战任务的全过程,当情况变化或作战任务变更时,各项保障亦应随之改变。

现代战场保障的组织指挥,通常按照逐级组织指挥、越级组织指挥、自行组织指挥、联合组织指挥四种基本方式实施。

保障指挥的基本内容主要包括:组织收集、获取作战保障的情报资料;统筹计划与决策;组织实施和协调控制。

保障指挥流程是保障指挥机关组织实施保障业务的步骤或程序,是规范保障指挥机关指挥业务顺序、内容、权限、关系等的过程描述。网络化的指控系统、扁平化的指挥结构、实时化的保障需求感知能力、一体化的信息传输处理和决策模式,将有助于简化保障指挥流程并提高决策效果[1]。

以战术装备保障为例,保障指挥决策的主要需求如图 8.6 所示。

---

[1] 古平,张学民,李思.装备想定推演训练[M].北京:国防工业出版社,2012 年 11 月:35

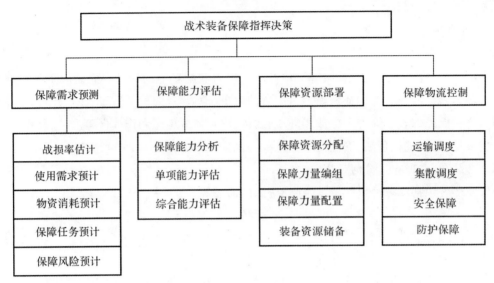

图 8.6 装备保障指挥决策需求与任务示意

8.3 战勤保障

8.3.1 战勤保障概念

战勤保障,即作战(勤务)保障,指为满足作战需要而组织实施的直接服务于作战行动的保障。作战保障是作战军事活动的重要组成部分。作战保障系统工程是军事系统工程的重要组成部分,与装备保障和技术勤务保障并列。

8.3.2 战勤保障系统结构

战勤保障系统结构如图 8.7 所示。

作战保障力量体系的主要组成单元如下:

(1)侦察保障力量单元:主要由诸军(兵)种的侦察力量构成,以卫星、空中和地面侦察等多种手段,提供全面、及时、准确的情报信息。

(2)通信保障力量单元:主要由诸军(兵)种固定通信、野战通信、通信工程、指挥自动化、观通、导航、军邮等力量构成。

(3)工程保障力量单元:由各军种工程兵和参与机动、反机动及野战生存保障的诸军(兵)种工程保障力量构成。

(4)核、生、化防护力量单元:主要由防化兵力量组成,包括战斗防化、防化洗消和防化救援等。

(5)作战伪装力量单元:主要由隐真、示假、佯动和心理战力量综合集成。

(6)气象、水文和测绘保障力量单元。
(7)交通、战场管制力量单元:由军、警、民多方力量综合集成①。

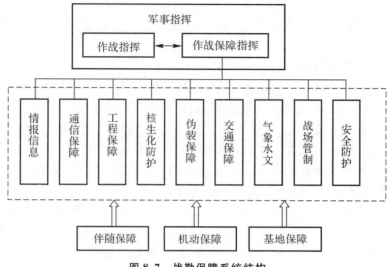

图 8.7　战勤保障系统结构

8.3.3　战勤保障系统功能

战勤保障活动和任务非常丰富。战勤保障系统功能就是实现和支持战勤保障活动和任务,包括侦察情报、警戒、通信、机要、信息防护、目标、工程、交通、伪装、核生化防护、对空和水下防御、测绘、导航、气象水文、战场管制、电磁频谱管理、航海、声呐、防险救生、领航等方面的保障②。

8.4　装备保障

8.4.1　装备保障概念

装备保障是指通过筹划和运用人力、物力、财力,从物资和技术方面保障装备的质量良好、配套齐全的各项活动的统筹。装备保障主要包括装备订购、储备、供应、使用、管理、维修、退役和报废等。装备保障的主要内容分为平时装备保障和战时装备保障。

对装备保障的理解有广义、狭义的差异。从广义上讲,是指为完成作战任务而提供适用的武器技术装备,并保证战备完好状态;从狭义上讲,是指为发挥武器装备的战术、技术性能而对其进行的维护、维修、物资器材供应及其组织指挥等,即装备技术保障。装备技术保障是装备

---

① 刘从玲.一体化联合作战保障探要[J].国防大学学报(军事后勤研究),2005 年第 5 期(总第 189 期)
② 中国人民解放军军语[M].北京:军事科学出版社,2012 年:67

保障的主体。其中包括:装备的启封和动用准备、储存和运输、自救和抢救、测试检查、加注燃料和油气液、补充弹药以及大量的维护和修理工作等。

8.4.2 装备保障内容

装备保障的主要工作内容如下:

(1)装备技术使用与管理。准确掌握装备的技术状况,计划装备的使用,合理组织实施装备的动用、保管、储存、运输、技术检验与鉴定,做好装备的交接、改装、转级、退役和报废工作,管理工具、备品与技术文件,预防事故,保证装备经常处于良好的技术状态。

(2)装备维修。科学规划各类装备的维护与修理工作,优质、快速、低耗、安全地组织实施装备的维修、零部件修复和自制件生产、装备性能的改进,以及战时装备抢救、抢修工作,迅速恢复装备的战术技术性能,保证装备的持续作战能力。

(3)装备器材保障。组织实施装备器材的筹措、供应、储备和运输,保障部队平时与战时维修装备的器材需求。

(4)装备保障训练。着眼高技术与新装备的发展,组织实施各类装备技术保障人员的生长培训与在职培训,造就结构合理、专业配套、适应能力强的装备技术保障队伍。

(5)装备保障科学研究。组织实施装备技术保障的理论与方法研究,探索修理新工艺、新材料、新技术,进行装备动用研究,研究与编制装备技术保障标准、规范,参与装备型号科研工作,组织实施装备技术保障学术交流等。

(6)装备保障战备。落实日常战备制度,储备和管理战备物资,建设装备技术保障战备配套设施,制定装备技术保障战备方案,开展装备技术保障战备训练与演练,按时完成战备等级转换等。

(7)装备保障指挥。确定装备技术保障决心,明确装备机关、分队的编成、部署与任务,组织实施装备抢救抢修与器材供应,进行装备技术保障的防卫,组织装备技术保障协同等。

(8)装备保障建设。根据军事斗争的需要、作战理论的发展、作战方法的革新,提出装备技术保障的发展方向及重点,确定装备技术保障的原则、指导思想和理论体系,拟定装备技术保障的工作目标,从总体上筹划装备技术保障力量的建设与发展,并组织落实。

(9)装备保障信息管理。运用先进的科技手段,建立完整的数据资料收集、处理、储存与反馈系统,及时、准确、完整和连续地收集装备技术保障信息并进行科学的统计分析,组织各种信息的流通和反馈,为装备技术保障工作的规划、决策、指挥管理提供科学依据,为装备改进和新装备研制提供依据。

8.4.3 装备保障工程的组成要素

装备保障工程的组成要素包括以下方面[①]:

(1)维修规划。维修规划是研究并制定装备和设备维修方案及其要求的工作过程。它规定各项维修工作及其所需资源,其核心是装备的维修大纲。一般按以可靠性为中心维修原理

---

① 陈学楚.装备系统工程[M].2版.北京:国防工业出版社,2005年5月:172

制订。即按故障模式、影响及危害分析确定故障后果,进行逻辑决断,做出维修工作决策,进行修理级别分析,确定维修人才和技能。维修规划工作是一项持续不断的活动,它从维修方案的研究制定开始,随着系统工程逐步细化,形成维修计划,以实现各资源、服务要素的综合开发,达到综合保障的优化。

(2)人员数量与专业技术等级。在综合保障工程中,这项工作主要解决装备使用和维修所需人员的数量和技能要求,以及这些人员的考核录用。

(3)供应保障。供应保障是确定装备使用和维修所需消耗品和零备件的数量和品种,并研究它们的筹措、分配和供应、储运、调拨以及装备停产后的备件供应等问题。供应保障是综合保障工作中影响费用和效能的重要专业工作。

(4)保障设备。保障设备指保障装备和设备使用和维修所需的全部设备(移动的、固定的和临时的设备)。保障设备包括搬运设备、维修设备、工具、计量与校准设备、试验设备、测试设备及监测与故障诊断设备等,还包括保障设备自身的保障设备,如清洗油车的清洗设备。

(5)技术资料。综合保障所需的技术资料是以手册、规范、指南和图纸等形式记录的技术信息,其目的是为装备使用与维修人员提供工作中所需的技术资料和工作说明,其中包括:使用与维修的工作程序和图表、技术数据和要求、计算机软件的文档,以及测试和保障设备的使用和维护方法等。

(6)训练与训练保障。它指对装备和设备的使用维修与保障人员的训练过程、方法、规程、技术、训练器材与设备以及这些器材与设备的研制及保障规划。它包括单兵和集体训练、新装备训练、初始训练、正规训练和在职训练,以及训练设备的采办和安装。

(7)计算机资源保障。保障装备上嵌入式计算机系统的使用与维修所需的硬件、软件、保障工具、文档、设施和人员等称为计算机资源保障。

(8)保障设施。保障设施是装备使用、维修、训练和储存所需的永久和半永久性的构筑物及其有关设备,如备件仓库、维修车间、训练场地、试验设施、办公设施等不动产。其主要工作有:设施的规划,如选址,制定环境要求、构筑物要求、设施建设的进度与费用安排,确定设施的管理与使用,以及设施的更新改造等。

(9)包装、装卸、储存和运输。包装、装卸、储存和运输专业是研究为保证装备得到完善的封存、包装、装卸、搬运和运输所需的资源、过程、程序和设计方法,其中包括环境要求、储存期限、特殊封存与包装要求(如尺寸、重量、防潮、防爆、防火、防毒及影响安全)等问题,并分析评价这些问题对装备设计的影响。其目的是使装备最后到达部队或经过规定的储存期限后是可用的。

(10)设计接口。设计接口主要指主装备设计与保障系统设计之间的接口,它说明有关保障性的设计参数与战备完好性及保障资源要求之间的相互关系。

8.4.4 工作流程

装备保障的具体内容随着作战的进行而有所变化。
(1)战前准备阶段。
战前准备阶段保障基地工作流程图如图 8.8 所示。

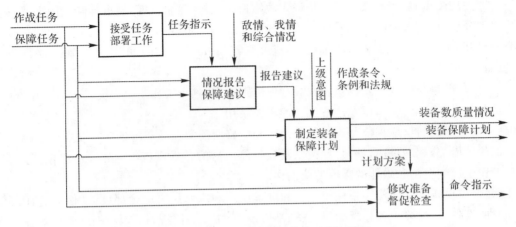

图 8.8 战前准备阶段保障基地工作流程图

(2)战中实施阶段。

战中实施阶段保障基地工作流程框图如图 8.9 所示。

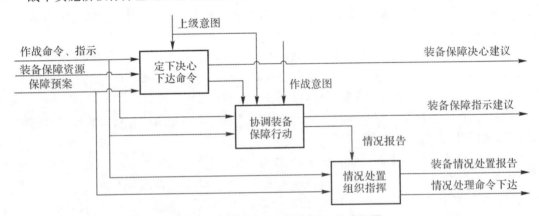

图 8.9 战中实施阶段保障基地工作流程图

(3)战后结束阶段。

战后结束阶段保障基地工作流程图如图 8.10 所示。

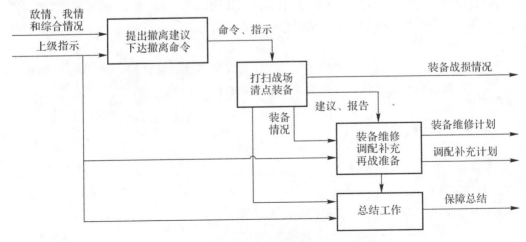

图 8.10 战后结束阶段保障基地工作流程图

8.5 后勤保障

现代战争对后勤保障的需求品类多样、数量巨大、立体分布、节奏不一。海湾战争中,美军只动用了其总兵力的 1/4 在前线作战,而后方则有 1/3 的经济部门或企业在为前线生产军需品。在海外作战中,美军主要靠其海空战略运输。据统计,在美军战备物资中,人员的 95% 靠空运,装备的 95% 靠海运。前沿保障实行三级保障:前沿基地保障、机动基地保障、伴随保障。在伊拉克战争中,美军却采用的是"即时后勤补给"的策略。物资只是按需要的量在需要的时间投放到需要的地点,而没有为应付可能发生的情况做"以防万一"式的储备。这一举措大大减少了浪费。

8.5.1 后勤保障的主要内容

后勤补给需求主要可以划分为两大类:一类是与兵力规模静态相关的后勤补给需求,诸如人员日常消耗物资等;另一类是与作战行动密切动态相关的后勤补给需求,诸如物资、卫生勤务、交通运输、工程等保障。后勤保障包括人、财、物、设备、设施、信息等多方面相互关联的要素,如图 8.11 所示。

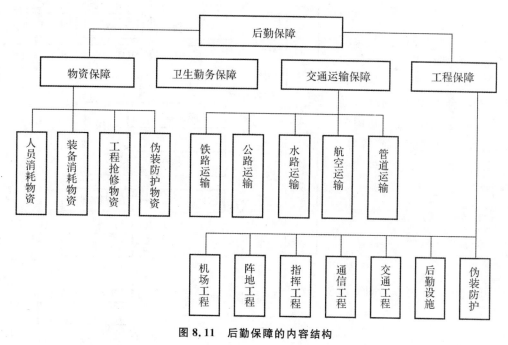

图 8.11 后勤保障的内容结构

8.5.2 后勤保障的体系结构

后勤保障的体系结构也是一个多层次、多因素、多保障内容、分布式、网络化的体系,图

8.12仅是作战后勤保障体系某一个剖面的示意,对于某一类型或某一层次的后勤保障体系结构同样适用。

从配置结构看,后勤保障力量包括:战略投送力量、基地保障力量、应急保障力量、部队后勤保障力量和地方后勤保障力量。每一种保障力量都包括人员、装备、物资、设施、信息等要素。

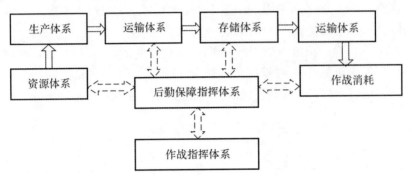

图 8.12　后勤保障的体系结构

8.5.3　后勤保障的主要模式

当前,后勤保障的主要模式有:①综合利用多种运输力量实施立体化保障;②依靠三军联勤机构实施联合保障;③调遣后勤资源实施配送式保障;④利用各种后勤信息实施精确保障;等等。在实际保障中一般是多个模式的有机组合。

8.5.4　后勤保障的工作流程

后勤保障工作流程如图8.13所示。

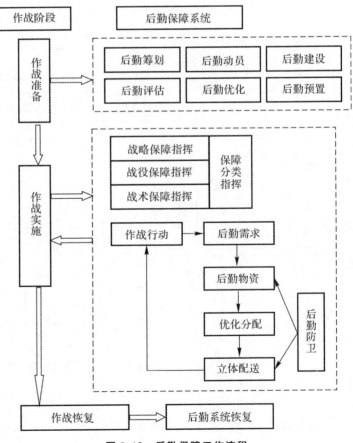

图 8.13　后勤保障工作流程

第 9 章　军事教育训练系统工程

人才是兴军之本,也是制胜之本。军事领域的较量归根到底是人才的竞争①。人才建设是一项长周期的系统工程。军事教育训练系统工程就是运用系统工程原理,研究和筹划军事人才的培养、使用和管理的方法与技术,是军事系统工程中十分重要的分支。

9.1　军事人才需求结构

9.1.1　军事人才类型需求结构

确定需求是军事教育训练的输入、目标和牵引。现代军队对人才的需求规模大、类型丰富。不论哪个层次、哪个军兵种,哪个作战环节(装备、指挥控制、保障、信息对抗),哪个工作岗位,凡有军队实体的地方,就有军事人才的需求。比如:我军提出了五支人才队伍——指挥军官队伍、参谋队伍、科学家队伍、技术专家队伍、士官队伍。再比如:有的学者把军事人才分为军事指挥人才、军队政治工作人才、后勤人才、装备人才、参谋人才、科技人才、战斗人才、军事科研人才等。军事人才需求以军队编制体制和岗位设置为龙头,成为国家人才体系的一个有机组成部分,并且越来越体现出军民融合的发展特征。

图 9.1 是军事人才需求的一个参考结构图。

9.1.2　军事人才知识技能素养需求

军事人才知识技能素养包括思想政治素质、科学文化素质结构、军事基础素质结构、专业能力素质结构、身体心理素质结构等,如图 9.2 所示。对军事基础方面的知识、能力、素质的进一步要求如图 9.3 所示。

---

① 陈照海,邢伟.联合作战指挥人才培养研究[M].北京:解放军出版社,2012 年 2 月:1

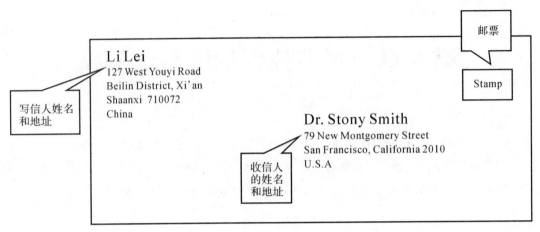

图 9.1 军事人才需求参考结构图

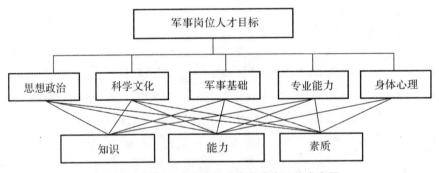

图 9.2 军事人才知识能力素养需求结构参考图

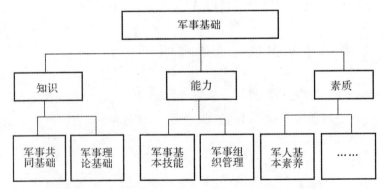

图 9.3 军事基础方面知识、能力、素质的进一步要求

9.2 军事教育训练系统总体结构

9.2.1 军事教育训练体制

我军实施人才战略工程,加大院校教育和干部培训力度,依托国民教育培养军事人才,出台"基础教育合训、专业培养分流"的生长干部培养制度,完善我军军官三级培训体制,建立和实行士官制度等,初步形成了以军兵种人才培养为基础、以三级培训体制为骨干的人才培训体系[①]。

军事训练工作组织体系是以军队体制编制为基础,并按训练职能的基本分工建立的。按训练工作的组织类型,通常分为部队训练、院校教育和预备役训练三大训练系统。部队训练系统主要由陆军、海军、空军、火箭军、武警部队和军队后勤、装备等军事训练分系统构成。军队院校教育系统,按组织领导关系可分为军委直属院校、总部直属院校和军区、军兵种、武警部队所属院校,按训练任务可分为指挥院校、综合院校、专业院校和士官院校等院校教育系统。预备役训练系统主要由省军区系统和地方有关单位构成,对预备役部队、预编预备役人员、民兵和学生进行分类训练。由于军事训练的对象、任务、目的和要求既存在差异,又彼此关联,从而使军事训练工作的组织体系及分系统具有多领域、多层次且相互交织的显著特征[②]。军事教育训练体制如图9.4所示。

9.2.2 军事人才培养渠道

当前,我军军事人才培养渠道如图9.5所示。

9.2.3 军地联合人才培养

军民融合发展是军事领域的时代特征和必然趋势。军地联合人才培养是多快好省的人才培养模式。信息化社会下,军事与其他领域的融合日益密切,战争与其他社会领域的依存更加深入。比如:对高新技术装备的掌握和运用,要有武器装备供应商的技术支持;信息对抗需要大量的信息人才和社会支持;网电(赛博)对抗已经直接面向了社会领域;等等。

当前,我军联合人才培养的主要渠道有:招收和培养国防生、高层次人才强军计划、生长军官培养、特招引进等。

---

① 陈照海,邢伟.联合作战指挥人才培养研究[M].北京:解放军出版社,2012年2月:133
② 公炎冰.军事教育训练概论[M].北京:军事科学出版社,2005年8月:250

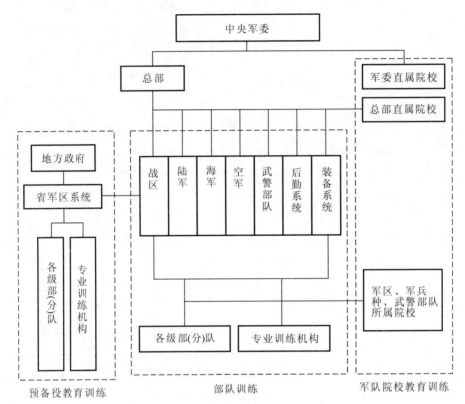

图 9.4 军事教育训练体制示意图①

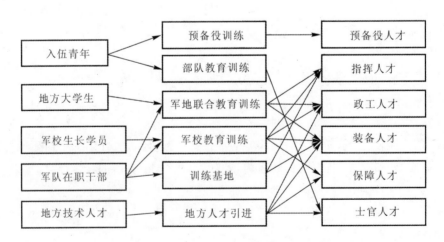

图 9.5 军事人才培养渠道示意图

---

① 公炎冰.军事教育训练概论[M].北京:军事科学出版社,2005 年 8 月:255

9.2.4 军事教育训练层次、内容、方法

1. 培养层次

当前,我军军事人才培养大致包括以下 6 个层次:
(1) 军事基础教育。
(2) 士兵教育训练。
(3) 士官教育训练。
(4) 学历教育。其中又包括中专、大专、本科、研究生等各个层次。
(5) 研究生培养。
(6) 军官职业教育。覆盖初级、中级、高级、联合作战指挥等层次。

2. 军事教育训练内容

军事训练内容是由一系列训练内容相互联系而构成的有机整体[1]。主要包括:
(1) 共同训练内容。
(2) 技术训练内容。技术训练的种类繁多。比如:按军兵种和专业兵,可分为陆军、海军、空军、火箭军,以及步兵、炮兵、防空兵、航空兵、海军舰艇等各兵种的技术训练。
(3) 战术训练内容。按军兵种构成,可分为军兵种战术训练和合同战术演练等。
(4) 战役训练内容。按作战行动空间,可分为陆上战役训练、海上战役训练和空中战役训练。
(5) 战略研究内容。包括全面掌握战争或军事斗争全局的战略指导,国防、军队后备力量动员,战争的组织与实施和重大军事突发事件的处置方法等。
(6) 反恐怖训练内容。
(7) 后勤训练内容。
(8) 装备训练内容。通常分为装备部队训练与部队装备训练两大部分。
(9) 军事思想学习内容。
(10) 非战争行动训练内容
(11) 作战实验内容。包括装备试验实验、战法实验、作战模拟仿真等。

3. 军事训练的基本方法

不同的军兵种、不同的专业、不同的训练对象,在不同的历史时期都有不同的训练方法。主要包括两大体系:一种是以院校教育为主体的教学法;另一种是以部队训练为主体的组训法。教学法通常以传授理论知识、专业技能、指挥程序为主,教学对象多为单个军人,训练目的是提高单个军人的素质。组训法是指在理论学习的基础上,以应用训练为主的训练方法,受训对象多为部队建制单位。教学法与组训法的主要区别是由教学与训练的差异所产生的[2]。随着教育训练体制机制和技术水平的提升,这两大体系呈现出融合发展的趋势。

---

[1] 公炎冰.军事教育训练概论[M].北京:军事科学出版社,2005 年 8 月:286
[2] 公炎冰.军事教育训练概论[M].北京:军事科学出版社,2005 年 8 月:301

我军在长期的训练实践中基本形成了以士兵、军官、单位为基本对象的训练结构,并按照官兵分训、单位合训,单项分训、逐级合成,军兵种分练、联合演练的形式进行训练。

9.2.5 军事人才成长基本流程

军事人才成长的基本流程如图 9.6 所示。

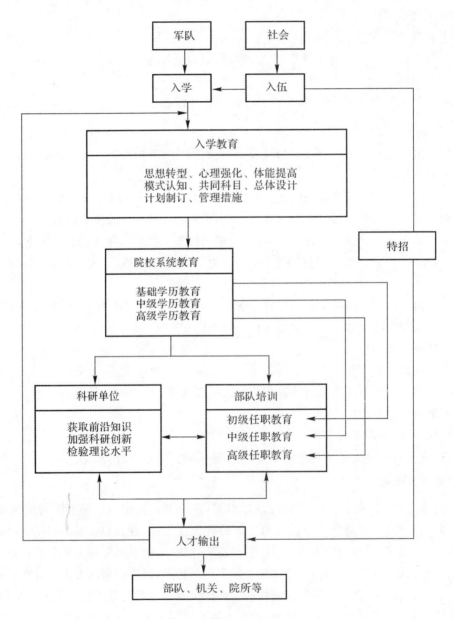

图 9.6 军事人才成长流程图

9.3 军队院校教育

9.3.1 军队院校教育架构

军队院校是培养军事人才的"摇篮"和"重要基地"。目前我军初步形成由高中级指挥院校、综合性院校、专业性院校和士官学校组成的"四位一体",以及生长干部培养、现职干部培训、研究生教育多个层次的人才培养体系。

指挥院校,主要包括高级指挥院校和中级指挥院校。

综合性院校,主要承担全军生长干部的大学专科、本科学历教育,实施研究生教育和在职干部的培训和进修,是培养综合型、复合型人才的主要基地。

专业院校教育,按照中专、大学专科、大学本科、硕士和博士研究生教育等 5 个层次,培养专业技术军官和文职干部。中专、大学专科、大学本科教育,招收高中文化程度的优秀士兵和地方应届毕业生及部分士官。实施系统的基础教育,分别完成技术员、助理工程师、工程师及相应职务的基础教育;专业院校的研究生教育,招收具有学士或硕士学位的部队和地方专业人员,实施高级专门人才的教育,培养具有硕士学位或博士学位的高级技术人员、科学研究人员、高级医务人员和院校教员。

士官院校教育,招收初中以上文化程度的优秀士兵,实施系统的职业培训,分别完成相应专业技术的技能训练,毕业后从事各种技术装备操作使用、维修保养和医疗护理等工作。

9.3.2 军队院校学科专业与课程

军队院校主要按照军官学历教育、军官任职教育、士官教育三大类设置专业。军官学历教育专业涵盖军事学、哲学、经济学、法学、历史学、理学、工学、医学、管理学等学科门类;军官任职教育按照军官培训、参谋(干事、助理)培训、专业技术干部培训三种类型和相应培训等级设置专业[①]。士官教育主要根据业务岗位设立专业。

课程体系是军队院校教育的核心。军校课程大约包括 5 种基本类型:学科课程、术科课程、课题课程、综合课程和养成课程。

军校学历教育课程分为通识教育和专业教育课程两部分。

通识教育课程一般分为 7 大类:一是人文社科类;二是自然科学类;三是信息科学技术基础类;四是方法论类;五是军事共同课程和基层管理类;六是外语类;七是体育与健康类。

专业基础课程的种类较多,大致可分为 4 个类型:一是通用专业基础,又称公共专业基础课;二是专业基础理论课;三是专业技术基础课;四是选修课。

任职教育对象范围广泛,应用性强。课程设置主要考虑岗位履职需求,紧密围绕作战、训练、管理、装备等各项工作。课程内容以提高岗位任职能力为主,军、政、文、科相结合,也要突出实践课程、方法论课程等。

军校实践课内容比较丰富,比如实验类、实习类、考察类、设计类、作业类、演习类、科研类、

---

① 董会瑜.现代军校教育学教程[M].北京:军事科学出版社,2007 年 4 月:134,259

问题类、社交类等。

任职教育一般坚持"一职一训、一岗一训",课程内容选择和形式上还要处理好相互衔接的问题①。

9.3.3 教学保障

军队院校教学保障的内容主要包括:教学经费保障、教学物资保障、实验室保障、装备设备保障、训练模拟器材保障、教材保障、图书资料保障、教育技术保障、教学场地保障、教学勤务保障等。实验室、图书资料馆、训练场(包括训练系统)等都是重要的教学环境条件。

9.3.4 教学方法

教学有法,法无定法。方法在于灵活运用。

根据教学形式与教学方法相统一的特点,军队院校教学方法大致可分类为:①讲授法;②研讨法;③实验法;④现地教学法;⑤自学法;⑥科研法;⑦测评法。

按教学内容分类,教学方法有:①理论教学法;②实践教学法;③科研研究法;等等②。

9.4 部队训练

9.4.1 部队训练内容

部队训练内容体系的类别很多。比如,按照训练对象划分,有士兵训练、军官训练、单位训练;按照训练层次划分,有单兵训练、分队训练、首长机关训练和合成训练;等等。还可以按照军兵种、任务领域、任务样式等进行分类。

9.4.2 部队训练体系

我军在几十年的战争和保卫社会主义建设的战备实践中,逐步形成了以体制编制为基础的"战训合一"的部队训练体系③。

1. 部队训练体系的组织结构

部队训练体系主要由诸军兵种、军队后勤与装备系统和武警部队的各级各类部队组成。

陆军部队训练体系主要由集团军(省军区)、师、旅、团和营以下分队构成。

海军部队训练体系主要由海军舰队、航空兵、海军基地、舰队航空兵及兵种部(分)队等构成。

空军部队训练体系主要由战区空军、航空兵及其他兵种部(分)队等构成。

火箭军训练体系主要由火箭军基地、导弹和装检及其他勤务部(分)队构成。

---

① 杨斌.军事教育训练学[M].北京:解放军出版社,2011年4月:266
② 公炎冰.军事教育训练概论[M].北京:军事科学出版社,2005年8月:100
③ 公炎冰.军事教育训练概论[M].北京:军事科学出版社,2005年8月:257

2. 诸军兵种专设训练机构

陆军部队的专设训练机构包括合同战术训练基地、训练团和各级教导队。

海军舰艇部队的专设训练机构包括训练基地、舰艇训练中心、训练团、舰艇港岸教练室和教导队等。

空军航空兵部队的专设训练机构包括改装训练基地、试验训练中心、模拟训练中心和合同战术训练中心等。

火箭军的专设训练机构包括训练基地、训练团和教导队等。

武警部队的专设训练机构包括训练基地、教导队和警官训练中心等。

9.4.3 军事训练方法

部队训练的方法可分为以下三个独立的系统,即技术训练法、战术训练法、首长机关训练法。部队训练的方法有许多共性的规律,如：先分后合；先理论后应用,先技术后战术；由简到繁,由易到难,循序渐进；根据对象,因人施教；启发诱导；形象教学；等等[①]。

当前,军事训练方法的突出形式为：基地化训练法、模拟训练法、对抗训练法、一体化训练法等。作战实验、兵棋推演、实兵实战化演练等方式方法得到越来越广泛深入的重视和运用。

9.5 军事教育训练系统建设

军事教育训练系统建设仍然是一项长期艰巨的系统工程。军事教育训练系统的改革仍然方兴未艾。

9.5.1 体系建设

军事教育训练系统建设体系要素结构如图 9.7 所示。

9.5.2 信息化训练基地建设

信息化训练基地将成为军事训练的主要依托。图 9.8 是一个信息化训练基地基本构架参考。具体内涵结构与运作机制流程,因层次、种类、任务等的不同而不同。

信息化训练基地基本架构中主要包括以下内容：

(1) 以数字化、网络化、信息化图书馆为核心的科技信息服务体系；

(2) 以装备训练场(可以是实装,也可以是虚拟装备、仿真器材等)和作战指挥综合模拟推演训练场为核心,辅以短期部队实践的装备、战术、指挥、参谋业务培训体系；

(3) 以开放创新实验室、专业实验室、装备科研实验室为核心的科研学术创新体系；

(4) 以课堂教学为主,瞄准联合作战信息化人才培养的理论教育体系；

(5) 以实习工厂、装备修理厂、装备研究所、装备供应商为链条的装备系统工程、军事系统工程参观见学体系；

---

① 公炎冰.军事教育训练概论[M].北京:军事科学出版社,2005 年 8 月:308

(6) 以接入训练广域网的园区网络及其综合信息服务系统为核心的管理体系；

(7) 以装备模型陈列室、橱窗等营造装备氛围、军事基础知识氛围、对抗氛围、优胜劣汰竞争氛围为主的科普平台体系；

(8) 以心理训练和体能训练为核心的身心综合训练体系；

(9) 配套管理制度和保障机制。

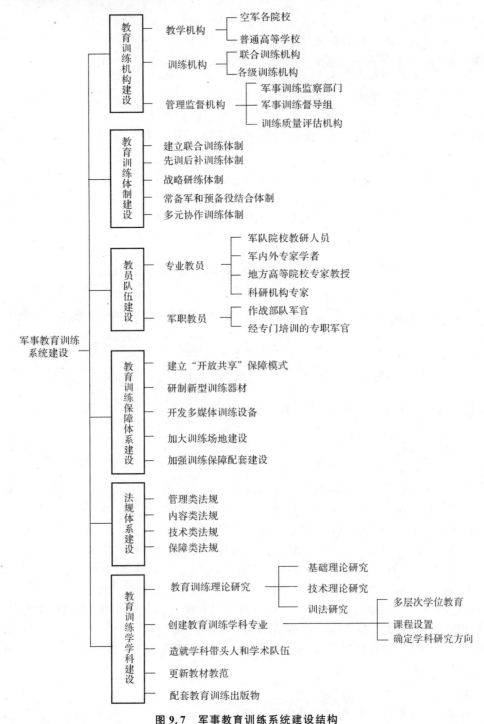

图 9.7　军事教育训练系统建设结构

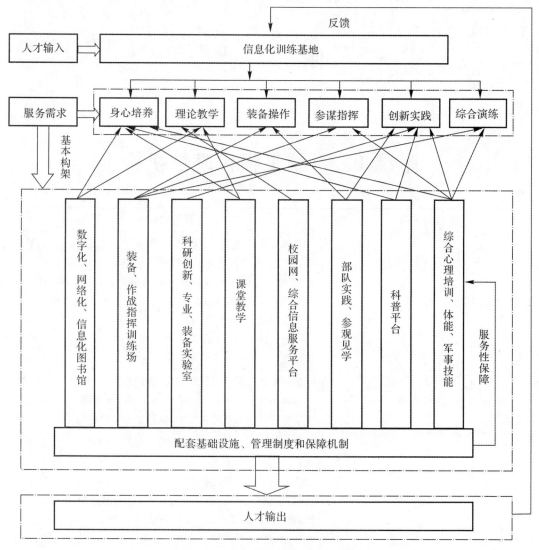

图 9.8 信息化训练基地基本构架

附　　录

附录1　系统工程代表性机构

机构名称	主要研究领域
兰德公司（RAND）	兰德公司是美国实力雄厚、门类齐全的思想库。它在军事、外交和其他领域有很大影响。兰德公司以政策分析著名，研究人员的基本目标是向政策制定者提供决策分析；所有研究项目几乎都是由不同专长的学者采用各种集体研究方法完成的；配有完善的计算机设备和各种软件包；广泛进行国际交流；有选择地接受外国学者作为客座研究员
国际应用系统分析研究所（IIASA）	IIASA致力于环境、经济、技术和社会问题研究，发展了许多新的方法和工具，在能源、水资源、环境、风险以及人类居住等社会问题的研究中，取得了不菲的成果
圣菲研究所（SFI）	它是独立的非营利的研究所，主要通过申请各种基金来支持跨学科的研究工作；是一个松散型组织，没有固定的研究人员，可以培养硕士、博士和博士后，以及接纳访问学者；当前研究领域：认知神经科学，物理和生物系统的计算，经济和社会的相互影响，进化动力学，网络动力学，探测计划，健康等；开发了公用开放源码的、为复杂系统建立模型而设计的软件平台SWARM
中国科学院系统科学研究所（ISS，AMSS）	综合集成方法及方法论、综合集成研讨厅设计实现
国防大学	其从事战役战争模拟、社会仿真、战争复杂系统建模仿真、兵棋研发
军事科学院运筹分析研究所	其从事（联合）作战模拟仿真、运筹优化、分析评估；是中国系统工程学会军事系统工程专用委员会（成立于1981年）挂靠单位
国防科技大学	其从事系统工程技术、体系工程、C^4ISR相关技术研究；是中国人民解放军军事运筹学会（成立于1984年）挂靠单位

附录2 军事系统工程人才培养与成长

系统工程博大精深、软硬结合,能否切实践行取得实效,关键在于造就善于系统思维和运用系统方法的人才(包括决策者和参谋智囊)并使之处于合理的决策环节。许多著名学者指出:合理而有效地利用人类的财富,综合而又最优地把科学技术应用于社会问题的最大障碍是缺乏真正好的系统工程师。军事领域更是如此。

一、系统工程人才的素质能力需求

A. D. 霍尔曾明确指出,系统工程师应有如下五个特征:①能够用系统工程的观点抓住复杂事物的共性;②具有客观判断及正确评价问题的能力;③富有想象力和创造性;④具有处理人事关系的机敏性;⑤具有掌握和使用情报的丰富经验。

还有学者总结系统工程师需要具有"6S"品性,即:懂得系统理论;掌握系统方法;善于系统思维;把握系统体系结构;能正确描述系统形象;熟悉系统组织与管理技术。

概括说来,对系统工程师有以下几点思想素质、业务素质和道德修养要求[1][2]:

1. 具有系统观点。这是最重要的一点。这句话似乎是不言而喻的,但是要真正做到并不容易。作为系统工程师,必须更加自觉地运用系统观点考虑问题。

2. 要成为T形人才。T形人才是指:要有长长的一横——比较宽的知识面;要有长长的一竖——在某一个或某一些领域有足够的深度。知识面包括自然科学、工程技术、经济、法律、哲学修养、艺术修养等。军事系统工程人员更加需要军事理论、武器装备等方面的知识素养。

3. 具有团队协作、沟通、学习、协调能力。开展一个系统工程项目,都是以团队的力量开展工作的。所谓团队主要是项目组,项目组还有外围力量。

4. 具有实事求是的科学精神和正直的品格,具有雷厉风行、顽强坚韧的工作作风。系统工程师必须具有实事求是精神。军事系统工程人员更加强调沟通和说服的技巧艺术(军事管理人员和指挥人员都有独特的工作气质和作风)。强于"谋",服务于"断"。为人必须正直,刚直不阿,对科学负责,对人民负责。

5. 正确看待系统工程研究成果的咨询性。系统工程的研究项目,一定要舍得花大力气去搞。系统工程师要具备高度的责任心,所提的建议方案一定要精益求精,使得所提方案能够经得起事实和历史的检验。但是,建议方案再好,也只能是起决策咨询作用,决策者可能采纳,也可能不采纳。系统工程师要有正常的心态。

6. 熟练运用信息系统等支持平台和工具。现代信息技术特别是计算机辅助决策技术为系统工程工作人员提供了强大的分析、优化、仿真、演示工具。离开信息平台的支持,系统工程要迈向定量优化人机结合等高层次非常困难。

---

[1] 孙东川.系统工程引论[M].北京:清华大学出版社,2009年5月:283
[2] 亚历山大.科萨科夫,等.系统工程原理与实践[M].胡保生,译.西安交通大学出版社,2006年9月:20

二、军事系统工程人才成长的困难

1. 多学科,"博大"与"精深"难以协调。
2. 仅从技术角度考虑,沟通协调协同会非常困难。
3. 军事系统工程人才的权威性遭受质疑,需要管理者和制度的强力支持。
4. 军事系统工程人才受到多方面的约束。
5. 人才培养和成长理论实践脱节,道路分割且曲折漫长。
6. 工程专业技术的视野狭窄;管理人员的技术储备不足。

三、军事系统工程人才培养与成长

系统工程人才的培养是非常困难的,仅仅学习一下系统科学、系统工程方面的教科书,离开实践环节,尤其是团队协作的大型实践环节,难以掌握系统工程的精髓,要培养出一名可以服务于国防建设的高素质系统工程总体型人才更加困难①。

军事系统工程人才成长路线图设计(见附图1)可以概括为:选苗子、引进门、打基础、多实练、勤梳理、善总结、聚领域、带团队、出人才和成专家。

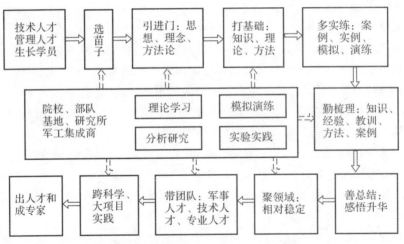

附图1 军事系统工程人才成长路线图

四、站在个体的角度看待系统工程

人具有无与伦比的复杂性:生物性、社会性、物质意识性、能动性,也有极大的弹性和潜力,如果能够自觉学习、体悟、践行系统工程,则会有助于实现人生价值。要主动积极地洞察大小气候及其发展态势,把握、处理个人与集体之间、个人与环境之间,身心、工作、学习、事业、职业

---

① 杨峰.系统工程专业研究生培养模式创新研究[J].高等教育研究学报,第29卷第4期

之间,家庭、集体(从单位,到行业,到国家)之间,长期和短期之间,名利得失与成败荣辱之间的辩证关系,适时开展系统分析、设计、优化、决策、实施。使自己早日成为栋梁之材,力争做到满意或者最优的自己。

"路漫漫其修远兮,吾将上下而求索。""了解系统工程,不像看电影或吃维他命丸,需要一点耐心和决心,需要在夜深人静之际费点精神去想一想。只要你明白了什么是系统,你所面临的是一个什么样的系统,什么是系统思考,怎样以系统思考的精神去处理问题,你就已获得了最重要的信息。"①

---

① 郑春瑞.系统工程学概述[M].北京:科学技术文献出版社,1985

参 考 文 献

[1] 谭跃进.中国军事百科全书:军事系统工程(学科分册)[M].2版.北京:中国大百科全书出版社,2008.
[2] 钱学森.论系统工程[M].增订本.长沙:湖南科学技术出版社,2007.
[3] 糜振玉.钱学森现代军事科学思想[M].北京:科学出版社,2011.
[4] 汪应洛.系统工程理论、方法与应用[M].北京:高等教育出版社,2003.
[5] 陈庆华.系统工程理论与实践[M].修订版.北京:国防工业出版社,2011.
[6] 路建伟.军事系统科学导论[M].北京:军事科学出版社,2007.
[7] 张佳南.军事科学体系[M].北京:海潮出版社,2010.
[8] 梁必骏.军事方法学[M].北京:解放军出版社,2011.
[9] 宋毅,霍达.现代系统工程学基础[M].北京:中国科学技术出版社,1992.
[10] 杜玠,陈庆华.系统工程方法论[M].长沙:国防科技大学出版社,1992.
[11] 陶家渠.系统工程原理与实践[M].北京:中国宇航出版社,2013.
[12] 薛惠锋,张骏.现代系统工程导论[M].北京:国防工业出版社,2006.
[13] 薛惠锋,苏锦旗,吴慧欣.系统工程技术[M].北京:国防工业出版社,2007.
[14] 佟春生,畅建霞,王义民.系统工程的理论与方法概论[M].北京:国防工业出版社.2006.
[15] 董肇君.系统工程与运筹学[M].2版.北京:国防工业出版社,2007.
[16] 胡保生,彭勤科.系统工程原理与应用[M].北京:化学工业出版社,2005.
[17] 科萨科夫,斯威特.系统工程原理与实践[M].胡保生,译.西安:西安交通大学出版社,2006.
[18] 郑春瑞.系统工程学概述[M].北京:科学技术文献出版社,1985.
[19] 战晓苏.军事系统工程与技术基础[M].北京:军事科学出版社,2016.
[20] 刘忠.军事系统工程[M].北京:国防工业出版社,2010.
[21] 徐毓.军事系统工程[M].北京:军事谊文出版社,2001.
[22] 郭俊义.军事系统工程[M].北京:国防大学出版社1989.
[23] 魏世孝.兵器系统工程[M].北京:国防工业出版社,1989.
[24] 军事科学院军事运筹分析研究所.作战系统工程导论[M].北京:军事科学出版社,1987.
[25] 杨永太.国防科技[M].北京:军事科学出版社,2003.
[26] 赵少奎.现代科学技术体系总体框架的探索[M].北京:科学出版社,2011.
[27] 辛永平.天基信息支持下反导系统综合集成研究[D].西安:空军工程大学,2008.
[28] 沙基昌.战争设计工程[M].北京:科学出版社,2009.
[29] 胡晓峰.战争工程论[M].北京:国防大学出版社,2013.
[30] 国防科学技术大学信息系统与管理学院.体系结构研究[M].北京:军事科学出版社,2011.

[31] 张修社.协同作战系统工程导论[M].北京:国防工业出版社,2019.
[32] 林开云.基于信息系统体系作战视阈的军事思维方式转变[J].解放军理工大学学报(综合版),2012,13(1):24-31.
[33] 蓝羽石.网络中心化军事信息系统能力评估[J].指挥信息系统技术,2012,3(1):1-7.
[34] 吴东莞.美军体制编制改革经验和理念对我军的启示[J].南京政治学院学报,2014,30(5):109-113.
[35] 郝俊平.俄罗斯"新面貌"军事改革体制编制研究[J].空军军事学术,2014(5):107-109.
[36] 袁家军.神舟飞船系统工程管理[M].北京:机械工业出版社,2006.
[37] 赵晓哲.军事系统研究的综合集成方法[J].系统工程理论与实践,2004(10):127-130.
[38] 瞿勤.未来战争的"实验场":作战实验室综述[J].空军靶场试验与训练,2011(1):18-21.
[39] 刘立娜,冯书兴,王鹏.浅析美军作战实验室发展及其实验运用[J].国防大学学报,2012(6):102-107.
[40] 张一方.协同学、耗散结构理论和超循环论[J].枣庄学院学报,2015,32(5):1-9.
[41] 胡晓峰,等.战争复杂系统建模与仿真[M].北京:国防大学出版社,2005.
[42] 胡晓峰,等.战争复杂系统仿真分析与实验[M].北京:国防大学出版社,2008.
[43] 张建伟,魏祥迁.管理学[M].北京:南海出版公司,2001.
[44] 张最良,李长生,赵文志,等.军事运筹学[M].北京:军事科学出版社,1993.
[45] 林雪峰.网络计划技术概述[J].科技资讯,2011(20):20-20.
[46] 李璐,许光建.PPBS在美国政府和国防部演进轨迹的比较研究[J].军事经济研究,2009,30(8):74-76.
[47] 唐朝京,刘培国,陈辇,等.军事信息技术基础[M].北京:科学出版社,2013.
[48] 中国指挥与控制学会.2014—2015指挥与控制学科发展报告[M].北京:中国科学技术出版社,2016.
[49] 卢厚清.军事运筹、军事仿真与军事科学研究方法[J].解放军理工大学学报(综合版),2007,8(4):44-46.
[50] 张维明,刘忠,阳东升,等.体系工程原理与方法[M].北京:科学出版社,2010.
[51] 阳东升,张维明,张英朝,等.体系工程原理与技术[M].北京:国防工业出版社,2013.
[52] 赵青松,杨克巍,陈英武,等.体系工程与体系结构建模方法与技术[M].北京:国防工业出版社,2013.
[53] 国防科学技术大学信息系统与管理学院.体系结构研究[M].北京:军事科学出版社,2011.
[54] 竺南直.指挥自动化系统工程[M].北京:电子工业出版社,2001.
[55] 尤增录.指挥控制系统[M].北京:解放军出版社,2010.
[56] 薄玉成.武器系统设计理论[M].北京:北京理工大学出版社,2010.
[57] 陈怀瑾.防空导弹武器系统总体设计和试验[M].北京:宇航出版社,1995.
[58] 胡光正,周宏伟,兰永明.军队组织编制学教程[M].北京:军事科学出版社,2012.
[59] 吴国辉.科技铸剑:国防科技和武器装备创新发展[M].北京:长征出版社,2015.

[60] 蓝羽石,王珩,易侃,等.网络中心化 C⁴ISR 系统结构"五环"及其效能表征研究[J].系统工程与电子技术,2015,37(1):93-100.

[61] 陈学楚,张诤敏,陈云翔,等.装备系统工程[M].2 版.北京:国防工业出版社,2005.

[62] 米东,刘铁林,谷宏强,等.军事装备学基础[M].北京:解放军出版社,2015.

[63] 张欣海,张博.综合电子信息系统体系需求分析方法[J].数字军工,2012(6):42-47.

[64] 于本水,等.防空导弹总体设计[M].北京:宇航出版社,1995.

[65] 洛刚.装备质量管理概论[M].北京:国防大学出版社,2013.

[66] 罗云春.全寿命装备保障[M].北京:解放军出版社,2009.

[67] 查恩铭.装备采办概论[M].北京:国防大学出版社:2010.

[68] 罗强一.信息化装备在使用部署阶段如何加强质量管理体系建设[J].军队指挥自动化,2015(2):58-60.

[69] 宋太亮,王岩磊.装备大保障观总论[M].北京:国防工业出版社,2014.

[70] 花禄森.系统工程与航天系统工程管理[M].北京:中国宇航出版社,2010.

[71] 李明,刘澎.武器装备发展系统论证方法与应用[M].北京:国防工业出版社,2000.

[72] 张杰,唐宏,苏凯,等.效能评估方法研究[M],北京:国防工业出版社,2009.

[73] 国防科学技术大学信息系统与管理学院.军事信息系统概论[M].北京:军事科学出版社,2014.

[74] 姜同强.信息系统分析与设计[M].北京:机械工业出版社,2008.

[75] 唐九阳,葛斌,张翀,等.信息系统工程[M].3 版.北京:电子工业出版社,2014.

[76] 辛时萱.指挥自动化装备发展论证研究[J].军队指挥自动化,2000(1):17-20.

[77] 张维明,陈洪辉,余滨,等.军事信息系统需求工程[M].北京:国防工业出版社,2011.

[78] 罗雪山,陈洪辉,刘俊先,等.指挥信息系统分析与设计[M].长沙:国防科技大学出版社,2008.

[79] 袁军.浅谈军事信息系统建设[J].军队指挥自动化,2013(3):15-19.

[80] 柳少军.军事决策支持系统理论与实践[M].北京:国防大学出版社,2005.

[81] 李照顺.决策支持系统及其军事应用[M].北京:国防工业出版社,2011.

[82] 周俊,丁国宁,戴剑伟.军事信息系统集成理论与方法[M].北京:解放军出版社,2008.

[83] 苏锦海,张传富.军事信息系统[M].北京:电子工业出版社,2010.

[84] 吴晓平,魏国珩,陈泽茂,等.信息对抗理论与方法[M].武汉:武汉大学出版社,2008.

[85] 李补莲.漫谈"赛博"[J].国防技术基础,2015(1):28-32.

[86] 申良生,李进.靶场试验数据工程标准化建设研究[J].军用标准化,2014(6):25-27.

[87] 林平,刘永辉,陈大勇.军事数据工程基本问题分析[J].军事运筹与系统工程,2012,26(1):14-17.

[88] 曹罡.军事信息系统数据资源规划方法研究[J].自动化指挥与计算机,2008(3):11-14.

[89] 覃春莲,刘东波.我军信息化建设中的软件工程与数据工程[J].军队指挥自动化,2004(6):43-44.

[90] 胡斌.军用软件工程与实践[M].北京:军事科学出版社,2014.

[91] 苏建志.指挥自动化系统[M].北京:国防工业出版社,1999.

参考文献

[92]　张大科.联合作战指挥控制决策及其共享框架研究[D].长沙:国防科技大学,2011.
[93]　张未平.指挥信息系统体系作战结构研究[M].北京:国防大学出版社,2011.
[94]　孙伟.联合作战指挥信息系统构建策略[J].华南军事,2014(8):24-25.
[95]　朱丰,胡晓峰.基于深度学习的战场态势评估综述与研究展望[J].军事运筹与系统工程,2016,30(3):22-27.
[96]　陈森,徐克虎.C⁴ISR信息融合系统中的态势评估[J].火力与指挥控制,2006,31(4):5-8.
[97]　华一新,王飞,郭星华,等.通用作战图原理与技术[M].北京:解放军出版社,2008.
[98]　刘高,刘昕.联合作战共用战场态势图的构建[J].航空航天侦察学术,2015(2):18-21.
[99]　王相生.联合作战筹划与方案推演研究[J].舰船电子工程,2014(6):14-18.
[100]　张建设.美军作战筹划组织方法初探[J].炮学杂志,2015(2):107-109.
[101]　刘德生,徐越.作战筹划辅助实验平台设计研究[J].军事运筹与系统工程,2014,28(4):59-61.
[102]　龚钰哲.美军任务规划系统发展研究报告[R].北京:总装备部炮兵防空兵装备技术研究所,2014.
[103]　刘雷波.一体化联合作战计划的拟制及基本要求[J].陆军学术,2007(3):19-20.
[104]　董连山.基于信息系统的体系作战研究[M].北京:国防大学出版社,2012.
[105]　田旭光,朱元昌,等.军事指挥控制系统建模方法述评[J].指挥控制与仿真,2011(3):1-6.
[106]　阮拥军.联合作战装备保障研究[R].石家庄:军械工程学院,2006.
[107]　古平,张学民,李思.装备想定推演训练[M].北京:国防工业出版社,2012.
[108]　王铁宁.装备保障信息系统工程[M].北京:装甲兵工程学院,2004.
[109]　陈照海,邢伟.联合作战指挥人才培养研究[M].北京:解放军出版社,2012.
[110]　公炎冰.军事教育训练概论[M].北京:军事科学出版社,2005.
[111]　董会瑜.现代军校教育学教程[M].北京:军事科学出版社,2007.
[112]　杨斌.军事教育训练学[M].北京:解放军出版社,2011.
[113]　于巧华.现代军队精细化管理[M].北京:国防大学出版社,2016.
[114]　陈定昌,王连成,等.防空导弹武器系统软件工程[M].北京:宇航出版社,1994.
[115]　张健壮,史克禄.武器装备研制项目系统工程管理[M].北京:中国宇航出版社,2015.
[116]　胡晓峰,荣明.作战决策辅助向何处去:"深绿"计划的启示与思考[J].指挥与控制学报,2016,2(1):23-25.
[117]　ADAMS K. Systems Principles: foundation for the SoSE methodology[J]. Int. J. of SoS Eng,2011(2):2-3.